U0184294

"十三五"国家重点图书出版规划项目

中国建筑工业出版社
学术著作出版基金项目

杨廷宝全集 七

【影志卷】

中国建筑工业出版社

图书在版编目（CIP）数据

杨廷宝全集.七，影志卷 / 黎志涛主编；权亚玲，
张倩编.—北京：中国建筑工业出版社，2020.11
ISBN 978-7-112-25455-2

Ⅰ.①杨…　Ⅱ.①黎…　②权…　③张…　Ⅲ.①杨廷宝
（1901-1982）—全集　Ⅳ.① TU-52

中国版本图书馆CIP数据核字（2020）第175276号

责任编辑：李　鸽　毋婷娴
书籍设计：付金红
责任校对：党　蕾

杨廷宝全集·七·影志卷
＊
中国建筑工业出版社出版、发行（北京海淀三里河路9号）
各地新华书店、建筑书店经销
北京方舟正佳图文设计有限公司制版
北京雅昌艺术印刷有限公司印刷
＊
开本：880 毫米 ×1230 毫米　1/16　印张：26¾　字数：490 千字
2021 年 1 月第一版　2021 年 1 月第一次印刷
定价：268.00 元
ISBN 978-7-112-25455-2
　（36373）

版权所有　翻印必究
如有印装质量问题，可寄本社图书出版中心退换
（邮政编码100037）

《杨廷宝全集》编委会

策划人名单

| 东南大学建筑学院 | 王建国 |
| 中国建筑工业出版社 | 沈元勤　王莉慧 |

编纂人名单

名誉主编	齐　康　钟训正
主　　编	黎志涛
编　　者	
一、建筑卷（上）	鲍　莉　吴锦绣
二、建筑卷（下）	吴锦绣　鲍　莉
三、水彩卷	沈　颖　张　蕾
四、素描卷	张　蕾　沈　颖
五、文言卷	汪晓茜
六、手迹卷	张　倩　权亚玲
七、影志卷	权亚玲　张　倩

出版说明

　　杨廷宝先生（1901—1982）是20世纪中国最杰出和最有影响力的第一代建筑师和建筑学教育家之一。时值杨廷宝先生诞辰120周年，我社出版并在全国发行《杨廷宝全集》（共7卷），是为我国建筑学界解读和诠释这位中国近代建筑巨匠的非凡成就和崇高品格，也为广大读者全面呈现我国第一代建筑师不懈求索的优秀范本。作为全集的出版单位，我们深知意义非凡，更感使命光荣，责任重大。

　　《杨廷宝全集》收录了杨廷宝先生主持、参与、指导的工程项目介绍、图纸和照片，水彩、素描作品，大量的文章和讲话与报告等，文言、手稿、书信、墨宝、笔记、日记、作业等手迹，以及一生各时期的历史影像并编撰年谱。全集反映了杨廷宝先生在专业学习、建筑创作、建筑教育领域均取得令人瞩目的成就，在行政管理、国际交流等诸多方面作出突出贡献。

　　《杨廷宝全集》是以杨廷宝先生为代表展示关于中国第一代建筑师成长的全景史料，是关于中国近代建筑学科发展和第一代建筑师重要成果的珍贵档案，具有很高的历史文献价值。

　　《杨廷宝全集》又是一部关于中国建筑教育史在关键阶段的实录，它以杨廷宝先生为代表，呈现出中国建筑教育自1927年开创以来，几代建筑教育前辈们在推动建筑教育发展，为国家培养优秀专业人才中的艰辛历程，具有极高的史料价值。全集的出版将对我国近代建筑史、第一代建筑师、中国建筑现代化转型，以及中国建筑教育转型等相关课题的研究起到非常重要的推动作用，是对我国近现代建筑史和建筑学科发展极大的补充和拓展。

　　全集按照内容类型分为7卷，各卷按时间顺序编排：

　　第一卷　建筑卷（上）：本卷编入1927—1949年杨廷宝先生主持、参与、指导设计的89项建筑作品的介绍、图纸和照片。

　　第二卷　建筑卷（下）：本卷编入1950—1982年杨廷宝先生主持、参与、指导设计的31项建筑作品、4项早期在美设计工程和10项北平古建筑修缮工程的介绍、图纸和照片。

　　第三卷　水彩卷：本卷收录杨廷宝先生的大量水彩画作。

第四卷　素描卷：本卷收录杨廷宝先生的大量素描画作。

第五卷　文言卷：本卷收录了目前所及杨廷宝先生在报刊及各种会议场合中论述建筑、规划的文章和讲话、报告，及交谈等理论与见解。

第六卷　手迹卷：本卷辑录杨廷宝先生的各类真迹（手稿、书信、书法、题字、笔记、日记、签名、印章等）。

第七卷　影志卷：本卷编入反映杨廷宝先生一生各个历史时期个人纪念照，以及参与各种活动的数百张照片史料，并附杨廷宝先生年谱。

为了帮助读者深入了解杨廷宝先生的一生，我社另行同步出版《杨廷宝全集》的续读——《杨廷宝故事》，书中讲述了全集史料背后，杨廷宝先生在人生各历史阶段鲜为人知的、生动而感人的故事。

2012 年仲夏，我社联合东南大学建筑学院共同发起出版立项《杨廷宝全集》。2016 年，该项目被列入"十三五"国家重点图书出版规划项目和中国建筑工业出版社学术著作出版基金资助项目。东南大学建筑学院委任长期专注于杨廷宝先生生平研究的黎志涛教授担任主编，携众学者，在多方帮助和支持下，耗时近 9 年，将从多家档案馆、资料室、杨廷宝先生亲人、家人以及学院老教授和各单位友人等处收集到杨廷宝先生的手稿、发表文章、发言稿和国内外的学习资料、建筑作品图纸资料以及大量照片进行分类整理、编排校审和绘制修勘，终成《杨廷宝全集》（7 卷）。全集内容浩繁，编辑过程多有增补调整，若有疏忽不当之处，敬请广大读者指正。

中国建筑工业出版社

2021 年 1 月

前言

本卷以图像方式呈现杨廷宝先生完整而清晰的人生历程，在此，不妨先以文字描摹一番：

童年多难寡欢。1901年10月2日，小廷宝降世当天，生母因大出血不幸离世。从此，小廷宝成长多艰：体弱多病，发育迟滞，加之社会动荡，生活颠沛流离；后经医养，6岁开始上学。但身心先天不足，又常常郁郁寡欢，背书不畅又常遭私塾老先生体罚，甚至讥讽："这廷宝断然成不了什么宝！"不得已而退学。9岁那年，转学复读，又因战乱中途辍学。11岁，小廷宝只身赴开封应考留学欧美预备学校，虽名落备取生名单，却幸运踏进校门。至此，他的人生出现转机。

少年自强不息。在开封留学欧美预备学校，少年杨廷宝在良好学习氛围的影响下，奋起直追，进步斐然。惜校方办学经费拮据，缩减规模，不得已转考清华学校，且凭借优异成绩跳班就读三年级。从此，少年杨廷宝在清华园里如鱼得水，不仅学习成绩优异，还与同窗闻一多创办了清华美术社，担任《清华年报》英文编辑，成为校拳术队队长，获校剑术比赛冠军，喜欢游泳，参加校军乐队，等等。与阴郁的童年时光相比，少年时期的杨廷宝兴趣广泛、积极向上。

青年才学过人。一表人才的青年杨廷宝在美国宾夕法尼亚大学深造时品学兼优、口碑甚笃。不到三年就修满了学分，提前获学士学位，不到一年便获硕士学位，且多次在全美建筑系大学生设计竞赛中斩获大奖，被系主任赖尔德称道："杨是学校里才华最出众的学生之一。"杨廷宝获奖的消息和报道在当地偶见报端，为此，他不仅受到美国学生的钦羡和赞扬，更成为中国留学生学习的榜样。在宾大深造期间，杨廷宝常与梁思成等中国留学生好友赏景游玩，参加中国同学会活动，还能够与美国友人如家人般亲密交往。青年时期杨廷宝性格阳光开朗、乐观自信。

壮年硕果累累。学成回国后的杨廷宝执业基泰工程司，开始在建筑设计领域大显身手。在此期间，他与同辈建筑师们携手，在外国建筑师垄断的设计市场中突出重围，屡屡获胜。在这一时期杨廷宝设计完成了近90座工程项目，半数以上如今已被列入各级文物保护单位名录，成为珍贵的建筑遗产。在中国几代建筑师中，这一业绩无出其右。

中年一心为公。杨廷宝先生1940年开始执教，先后在教学、学术、设计、政务、国际交往等领域都身居要职、重任在肩。他曾任南京工学院建筑系主任、副院长，连任中国建筑学会一至四届副理事长，连任两届国际建筑师协会副主席，当选中国科学院技术科学部学部委员，第一至第五届全国人民代表大会代表。他为国家重大工程项目的建设建言献策，为发展中国建筑教育、繁荣我国建筑学术、增进各国建筑师的交流和友谊作出了重要贡献。

晚年身兼重任。杨廷宝先生1979年12月被委任为江苏省副省长，同时还担任中国建筑学会理事长，亲任南京工学院建筑研究所所长，建立全国第一个建筑设计及其理论专业博士点，并任博士生导师，为学术研究、为国家培养高级优秀人才而不遗余力。更令人敬佩的是，他不顾年迈，四处奔波，视察、指导全国各地的城市规划、景区建设、环境保护、文物修缮等，可谓呕心沥血，敬业至终。

杨廷宝先生自强不息、勤奋进取、敬业献身、业绩斐然的一生，在本卷近九百幅照片中一一呈现。其成长、成才、成就、成功每个重要时刻的珍贵画面，也使读者见证了我国近现代化以来，一代建筑宗师曲折而精彩的人生轨迹。由此，不仅勾起我们对杨廷宝先生的怀念之情，也必将激励后学们以杨廷宝先生为代表的第一代建筑大师们为楷模，学习他们的优秀品质、敬业精神，为实现伟大复兴的中国梦而努力奋斗。

本卷按杨廷宝先生生平经历和从事活动内容分为十个版块，包括：童年逆境自强、脱颖水木清华、扬名费城宾大、致力建筑事业、献身建筑教育、活跃学术领域、担当政务重任、蜚声国际建坛、情深志同道合、美满姻缘亲情。并附录杨廷宝年谱简编，以供读者更深入地了解杨廷宝先生的生平轨迹。读者若想知道这些图片背后的故事，请阅读《杨廷宝全集》的延伸读物《杨廷宝故事》。

在本卷编纂的八年过程中，得到众多单位、前辈、老师、朋友们的大力支持和热心帮助，他们纷纷提供杨廷宝先生生前各时期的珍贵影像。在此特别感谢杨廷宝先生的亲人：他的夫人陈法青女士、小弟杨廷寘先生、长女杨士英教授、小孙女杨本玉提供了大量的杨廷宝先生家庭生活照和校园生活照。感谢清华大学吴良镛院士、新疆建筑设计研究院王小东院士、原建设部总工程师许溶烈先生提供了杨廷宝先生出席国际建协和参加世界建筑师学术活动的照片。感谢西北建筑设计研究院张锦秋院士对多张杨廷宝先生照片进行了甄别并还原了历史真相。感谢导师刘光华先生，东南大学黄伟康教授、陈励先教授、吴明伟教授、杨德安教授等提供了杨廷宝先生在南京工学院教学的照片。感谢清华大学校史馆王向田老师、刘惠莉老师等提供了杨廷宝先生在清华读书时珍贵的学习和学生活动照片。感谢南京新华报业熊晓绚女士提供了杨廷宝先生自南京解放至逝世33年中见报的所有社会活动报道资讯。感谢新华通讯社高级编辑记者巫加都女士、国家图书馆胡建平先生、中国建筑学会孙晓峰先生及资料室金燕女士、同济大学童明教授提供了杨廷宝先生参加工程设计的工作照和生活照。

感谢宾大艺术学院档案馆提供了杨廷宝先生在宾大学习时的有关档案资料，美国路易·维尔大学赖德霖教授提供了杨廷宝先生在清华学校学习的史料信息。感谢东南大学建筑学院单踊教授贡献了陈法青生前提供给学院为纪念杨廷宝先生诞辰百年展览的大量照片存档资料。感谢江苏省档案馆、南阳档案馆、东南大学档案馆、北京文化遗产研究院档案室等单位提供了杨廷宝先生各方面的历史照片。感谢清华大学建筑学院左川教授提供了杨廷宝先生访问清华大学的照片。感谢无锡江南大学设计系朱蓉教授对杨廷宝多张照片进行了甄别并还原了历史真相。还有许多各界人士提供了零星照片在此一并致谢。

　　最后，还要感谢中国建筑工业出版社王莉慧副总编和李鸽副编审对本卷编纂工作给予的悉心指导和热忱帮助；感谢责任编辑李鸽、毋婷娴为本卷编辑工作所付出的努力。

东南大学建筑学院

黎志涛

2020 年 5 月

目录

　　1901 年 10 月 2 日（农历 8 月 20 日）杨廷宝生于河南南阳赵营村。生母是宋代四大书法家之一米芾后人，是一位性情温和、为人善良、擅长书画的才女，但因大出血当日不幸离世。可怜小廷宝一出生就与生母阴阳两隔。

　　不得已，小廷宝只能由祖母抱着他求人吃百家奶长大，终因缺少生母抚育而从小体弱多病。后全靠祖母呵护和继母疼爱才渐有起色。

　　而父亲杨鹤汀虽受旧式教育，却推崇康梁，倾向革命，入同盟会，创办新学，实业兴邦，是全城有名的开明士绅。辛亥革命后，为南阳首任知府。尽管父亲忙于公务，仍精心教子，为小廷宝成人、成才竭力创造条件。

　　6 岁时小廷宝入私塾，因发育迟滞而退学。9 岁时虽入小学就读，只读了两年又因战乱而辍学，趁此在家临帖习画，拜师练武。

　　所幸 11 岁时考入开封河南留学欧美预备学校，从此，严格的校规和浓厚的学习氛围不但滋润着小廷宝的文化修养和道德品质，而且促其身心健康发展和学习不断进步。但好景不长，因办学经费拮据只读了两年半就中止学习，只好重考清华学校以求继续学业。

1. 降世遭难

1.1 小廷宝出生当天就与妈妈阴阳两隔，只能将生母坟茔照片供在书桌上陪伴妈妈一生（黎志涛摄）

1.2 小廷宝6岁上私塾，终因发育迟滞而退学，幸有父亲体贴开导，留在家中养身强体、临摹书画。图为8岁时与父亲杨鹤汀合影（杨士英提供）

1.3 杨廷宝童年时代的农村居室（杨廷宝绘，杨士英提供）

2. 求学奋起

2.1 1912年9月，不满12岁的小廷宝以备
　　取生进入开封河南留学欧美预备学校，
　　开始了人生征程（杨士英提供）

2.2 河南留学欧美预备学校校门复原。小廷
　　宝在此读了两年半，因学校办学经费拮
　　据，须另考清华学校才能继续学业（来源：
　　网络）

2.3 开封河南大学前身的门头校名（来源：网络）

1915 年，14 岁的杨廷宝以河南省 7 个录取名额第一名考入清华学校。因入学成绩优异，直接插班三年级，成为全年级年龄最小者，并与闻一多同班。

杨廷宝在清华学习期间，经过中等科和高等科(学制各 4 年)的国学与西学 6 年学习，不但学业取得优异成绩，而且积极参加校内多项社团活动，主持校体协 "技击部" 工作，被选为校拳术队长，参加校兵操军乐队，并与闻一多组织清华美术社，经常作为正方或反方辩手参加英语辩论会活动等，成为班上文体活动积极分子。

1921 年杨廷宝提前两年顺利毕业，并选择符合自己志趣、又能使艺术与技术结合起来的建筑学作为出国留学的志愿。

客观地说，清华学校由于接受西方教育，培养了大批优秀留洋预备学生，且日后多数成为中国著名的学者、现代科学各学科领域的开拓者、中国第一代现代学术带头人，而杨廷宝就是其中的一位。而且，他们强烈的爱国心和民族气节，以及受到中国传统文化的根深蒂固影响，终使美国以退还蓄意超索庚款在华办教育，以达到文化侵略的企图未能得逞。

1. 校园环境

1.1 工字厅（来源：《TSINGHUA 1911—1921》，杨士英提供）

1.2 高等科教学楼（来源：《TSINGHUA 1911—1921》，杨士英提供）

1.3 校门（来源：《TSINGHUA 1911—1921》，杨士英提供）

1.4 大礼堂（来源：《TSINGHUA 1911—1921》，杨士英提供）

1.5 图书馆（来源：《TSINGHUA 1911—1921》，杨士英提供）

1.6 科学馆（来源：《TSINGHUA 1911—1921》，杨士英提供）

1.7 体育馆（来源：《TSINGHUA 1911—1921》，杨士英提供）

1.8 中等科教学楼（远处是校医院）

（来源：《TSINGHUA 1911—1921》，杨士英提供）

1.9 学生餐厅（来源：《TSINGHUA 1911—1921》，杨士英提供）

2. 青春年华

2.1 1915年9月（14岁）小廷宝因入学考试成绩优异，连跳两级直插中等科三年级（来源：清华大学校友总会提供）

2.2 在清华学校中等科读书时的杨廷宝（陈法青生前提供）

2.3 1917年9月（16岁）升入高等科一年级（杨士英提供）

2.4 在清华学校高等科读书时的杨廷宝（杨廷寊提供）

3. 校园生活

3.1 杨廷宝入学清华学校即参加校拳术队，并曾作
为学生代表主持过体育协会技击部工作（来源：
《TSINGHUA 1911—1921》，杨士英提供）

3.2 杨廷宝（左）在校拳术队活动（来源：《清华周刊》
1917年6月15日，赖德霖翻拍提供）

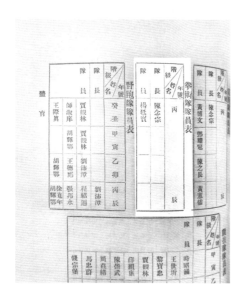

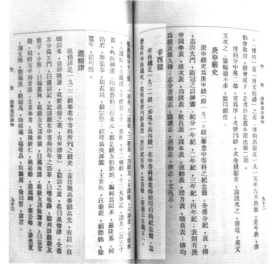

3.3 校拳术队队员表（来源：《清华周
刊》1917年6月15日，赖德霖翻
拍并提供）

3.4 1917年7月6日，杨廷宝完成中等科学业，
《清华周刊十周年纪念号》刊登该年级
出版辛酉镜纪念册报道（来源：清华大学
图书馆）

3.5 1917年9月，杨廷宝升入高等科一年级。图为杨廷宝（中）与同学在"清华学堂"高等科教学楼门厅留影（陈法青生前提供）

3.6 1919年秋，闻一多和杨廷宝等发起组织了清华美术社。图为美术社社员野外写生合影，三排右3为杨廷宝，唯一女性为美术老师斯达女士（来源：《TSINGHUA 1911—1921》，杨士英提供）

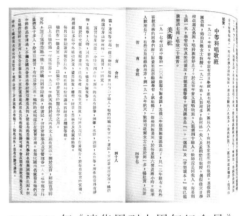

3.7 1921年《清华周刊十周年纪念号》刊登校美术社活动报道（来源：清华大学图书馆）

3.8 1922年秋，美术社部分成员合影，此时，杨廷宝刚出国留洋。立者左5梁思成，左7美术教师斯达女士，左8童寯（来源：清华大学校史馆）

4. 毕业留洋

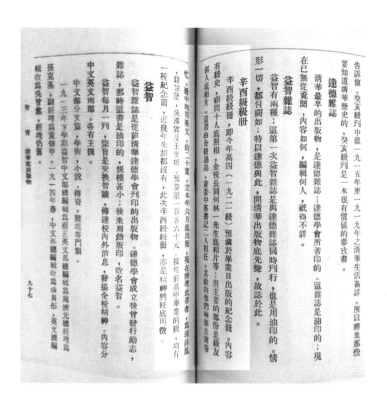

4.1 1921 年 5 月，杨廷宝完成高等科学习并毕业，《清华周刊十周年纪念号》刊登该年级出版辛酉级级册的报道（来源：清华大学图书馆）

4.2 1921 年 6 月杨廷宝（二排右 5）与辛酉级高等科选送留美毕业生合影
（来源：《TSINGHUA 1911—1921》，杨士英提供）

4.3 杨廷宝毕业时献给学校的礼物——《TSINGHUA 1911—1921》校刊登载杨廷宝《清华八景》毕业写生画，图为封面（杨士英提供）

4.4 校门

4.5 工字厅

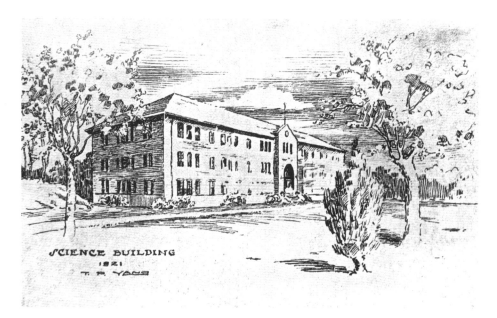

4.6 科学馆

4.7 体育馆

4.8 图书馆

4.9 中等科教学楼

4.10 古月堂

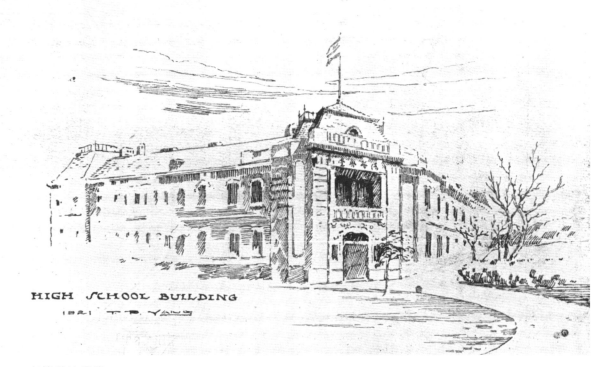

4.11 高等科教学楼

　　宾夕法尼亚大学是美国著名私立研究型大学，八所常青藤盟校之一，培养了众多政治家、金融家、科学家、建筑学家、企业家、投资家等。该校艺术学院建筑系秉承巴黎布扎模式，在院长赖尔德（W.P.Laird）任期内，使宾大建筑系成为历史上发展最辉煌的时期。朱彬、范文照、赵深、杨廷宝、陈植、梁思成、童寯等一批中国留学生来此学校深造正逢其时。

　　杨廷宝在宾大建筑系的深造，不仅学习成绩优异——多数科目皆优，而且多次获全美大学生建筑设计竞赛大奖，且有其中两件作品后被收入美国教科书中。此外，杨廷宝在宾大的校园生活也丰富多彩，曾任费城中国同学会主席，结交了许多中外学生和美国好友，并通过各项校园活动很快融入美国的社会文化圈。

　　经过两年半的努力学习，杨廷宝于 1924 年 2 月获得学士学位，又经过一年的研究生学习获得硕士学位。如此学业成就被院长称为"杨是学校里才华最出众的学生之一"。毕业后杨廷宝先在导师 P. 克瑞的事务所实习工作了一年半，继与赵深夫妇结伴游学西欧考察建筑后，于 1927 年春节前回国。

　　杨廷宝在宾大深造期间，不仅积累了丰富的人生阅历，展露出过人的才华，而且为他回国后在各领域中能融汇东西方文化，成就事业而奠定了坚实的基础。

1. 校园环境

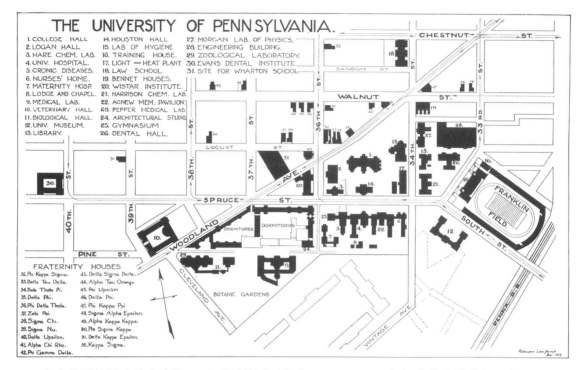

1.1 宾大校园地图（其中建筑26为当时的牙医学院，1915—1976年间为艺术学院）（来源：宾大
艺术学院档案馆，杨本玉收集并提供）

1.2 艺术学院图书馆和展览馆外观（建于1890年，原为大学图书馆和博物馆，后为艺术学院图
书馆和展览馆。20世纪六七十年代，路易·康在宾大教书期间把礼堂作为绘图教室并一直沿
用至今，但从未作为建筑系馆使用）（来源：宾大艺术学院档案馆，杨本玉收集并提供）

1.3 1892 年的大学教学主楼,建于 1872 年,诸多学院都在此楼的教室上过课,在建筑系搬到牙医学院之前也在这幢主楼里上课(来源:宾大艺术学院档案馆,杨本玉收集并提供)

1.4 1896 年的大学教学主楼(来源:宾大艺术学院档案馆,杨本玉收集并提供)

1.5 1907年2月绘图教室（来源：宾大艺术学院档案馆，杨本玉收集并提供）

1.6 1915年3月绘图教室（原为礼拜堂）（来源：宾大艺术学院档案馆，杨本玉
　　收集并提供）

1.7 艺术学院图书馆阅览室（来源：宾大艺术学院档案馆，杨本玉收集并提供）

1.8 图书馆楼梯间中的艺术展品（来源：宾大艺术学院档案馆，杨本玉收集并提供）

1.9 艺术学院教学楼外观（来源：宾大艺术学院档案馆，杨本玉收集并提供）

1.10 艺术学院二层北侧的绘图教室——宾大建筑系大图房（杨廷宝在此上设计课直至毕业）（来源：宾大艺术学院档案馆，杨本玉收集并提供）

1.11 体育场外观（来源：宾大艺术学院档案馆，杨本玉收集并提供）

1.12 学生俱乐部外观（来源：宾大艺术学院档案馆，杨本玉收集并提供）

1.13 宾大学生宿舍楼前入口大台阶
（来源：宾大艺术学院档案馆，
杨本玉收集并提供）

1.14 学生宿舍楼内院（来源：宾大
艺术学院档案馆，杨本玉收集
并提供）

1.15 1920年宾大校园全景，自左至右可看到医学院、学生俱乐部、大学教学主楼、图书馆、艺术学院等主要建筑
（来源：宾大艺术学院档案馆，杨本玉收集并提供）

1.16 1930 年宾大校园航拍
照片，由近到远可看
到当时的宿舍楼、大
学教学主楼、学生俱
乐部、图书馆、大礼堂、
艺术学院、体育场等
主要建筑（来源：宾大
艺术学院档案馆，杨本
玉收集并提供）

1.17 校园鸟瞰图 , 由 Richard Rummell 绘制（来源：宾大艺术学院档案馆，杨本玉收集并提供）

1.18 1932 年宾大校园航拍照片，由近到远可看到当时的体育场、博物馆、艺术学院、大礼堂、图书馆、大学
  教学主楼、医学院、宿舍楼等主要建筑（来源：宾大艺术学院档案馆，杨本玉收集并提供）

2. 风华正茂

2.1 在宿舍楼内院（陈法青生前提供）

2.2 在校园 1（陈法青生前提供）

2.3 在校园 2（陈法青生前提供）

2.4 在校园 3（陈法青生前提供）

2.5 在校园 4（陈法青生前提供）

2.6 在校园 5（陈法青生前提供）

2.7 在校园 6（陈法青生前提供）

2.8 在校园 7（陈法青生前提供）

2.9 在校园 8（陈法青生前提供）

2.10 在校园宿舍区（陈法青生前提供）

2.11 石阶旁（陈法青生前提供）

2.12 在池塘边小憩（陈法青生前提供）

2.13 灌木丛中（陈法青生前提供）

2.14 自信满满（陈法青生前提供）

2.15 在郊外（陈法青生前提供）

2.16 悠闲自得（陈法青生前提供）　　　　2.17 不畏严寒（陈法青生前提供）

2.18 在风雪中挺立（陈法青生前提供）　　2.19 背靠大树（陈法青生前提供）

2.20 在郊外（陈法青生前提供）

2.21 寒冬踏雪（陈法青生前提供）

2.22 在宿舍 1（陈法青生前提供）

2.23 在宿舍 2（陈法青生前提供）

2.24 在宿舍 3（陈法青生前提供）

2.25 在宿舍 4（陈法青生前提供）

2.26 在宿舍 5（陈法青生前提供）

2.27 在宿舍 6（杨士英提供）

2.28 在宿舍 7（陈法青生前提供）　　　　2.29 在宿舍 8（陈法青生前提供）

2.30 在宿舍 9（陈法青生前提供）　　　　2.31 在宿舍 10（陈法青生前提供）

3. 主课学习

3.1 杨廷宝（右1）与美国同学在设计教室（陈法青生前提供）

3.2 一年级设计作业（来源：陈法青生前提供）

3.3 交完设计作业好开心。杨廷宝（中）与赵深（左）、方来在一起（陈法青生前提供）

3.4 声名显赫宾大建筑系的部分"中国小分队"人员。从左至右：方来、杨廷宝、赵深、范文照、
朱彬（陈法青生前提供）

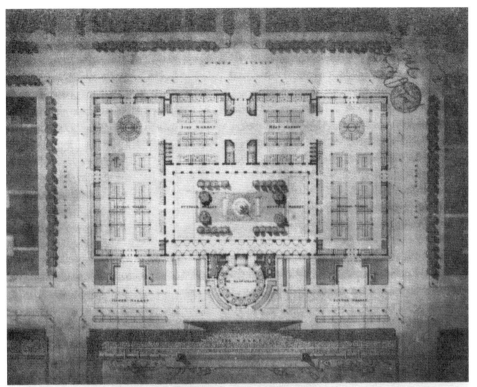

3.5 1923年杨廷宝获市政艺术协会奖——纽约超级市场设计一等奖设计方案。该作品被收入美国1927年版《建筑设计习作》教科书中（来源:《UNIVERSITY OF PENNSYLVNIA SCHOOL OF FINE ARTS ARCHITECTURE》杨士英提供）

3.6 1923年杨廷宝获市政艺术协会奖——纽约超级市场设计一等奖奖牌，左：正面，右：反面（陈法青生前提供）

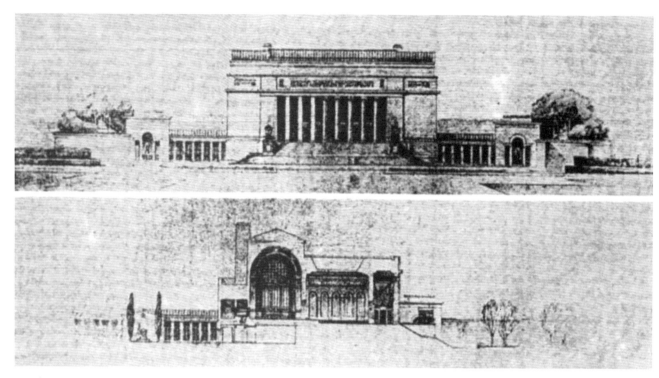

3.7 杨廷宝获 1923—1924 年全美大学生设计比赛二等奖——火葬场设计。该作品被收入美国 1927 年版《建筑设
　　计习作》教科书中（来源：宾大艺术学院档案馆提供）

3.8 杨廷宝获 1923—1924 年全美大学生设计比赛二等奖奖牌，左：正面，右：反面
　　（陈法青生前提供）

3.9 1924年杨廷宝获艾默生奖
设计作品——教堂圣坛围栏
设计（来源：UNIVESITY OF
PENNSYLVANIA SCHOOL OF
FINE ARTS ARCHITECTURE,
杨士英提供）

3.10 1923—1924年间杨廷宝所
获全美建筑系学生设计竞赛
部分奖牌（陈法青生前提供）

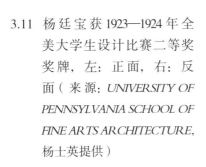

3.11 杨廷宝获1923—1924年全
美大学生设计比赛二等奖
奖牌，左：正面，右：反
面（来源：UNIVERSITY OF
PENNSYLVANIA SCHOOL OF
FINE ARTS ARCHITECTURE,
杨士英提供）

TING PAO YANG

CHINESE STUDENT AT PENN SHOWS SKILL

Wins 2 Honorable Mentions in Beaux Arst Architectural Test

Ting Pao Yang, a Chinese architectural student in the University of Pennsylvania, has won two honorable mentions in the recent nation-wide Beaux Arts architectural competition.

Three students in the University won second medals and six received honorable mention for one play, they submitted, but none, save Yang, got credit for more than one drawing.

Yang, who speaks English as fluently as any of his American classmates, came to this country two years ago from his home in Honan, China, about 1000 miles inland from the coast.

Among those to receive honorable mention for the library was Louis I. Kahn, 1005 North Marshall street. Those from other sections of the country to receive mention in the competition were Edwin Anderson, Alfred Butts, Ernest Duckering, John Lane Evans and Thomas E. Cooper.

Boris Riaboff, a Russian student, received one of the second medals for the plan. The other two went to Joseph F. Benton, of Chicago, Verle Annis, of Alderton, Was.

3.12 费城报纸对中国学生杨廷宝获
奖的报道（杨士英提供）

TING PAO YANG, Penn student, wins double honor in art competition

3.13 费城报纸对中国学生杨廷宝获
奖的报道（杨士英提供）

FIRST IN ARCHITECTURE

Ting Pao-yang, U. of P. student, who won first prize for best architectural design in Beaux Arts Institute.

3.14 费城报纸对中国学生杨廷宝获奖
的报道（杨士英提供）

4. 校园生活

4.1 1923年费城中国同学会成员合影，三排左3为杨廷宝（来源：宾大档案馆．《1923年宾大年鉴》。
杨本玉收集并提供）

4.2 1924年费城中国同学会成员合影，后排右4为杨廷宝（陈法青生前提供）

4.3 1924届宾大毕业纪念册编
　　委合影，二排右1为美术
　　编辑杨廷宝（陈法青生前
　　提供）

4.4 1925年费城中国同学会成员合影，一排
　　左7为中国同学会主席杨廷宝，左6陈
　　植（来源：宾大档案馆《1925年宾大年鉴》。
　　杨本玉收集并提供）

4.5 杨廷宝（二排左3）与宾大清华校友合影，
　　前排左2陈植、左1梁思成（杨士英提供）

4.6 杨廷宝（最后排右 1）与宾大中国同学会成员合影，二排右 2 是梁思成、二排左 1 是陈植（陈法青生前提供）

4.7 与同学一同钓鱼去，中为杨廷宝（陈法青生前提供）

4.8 郊游 1（陈法青生前提供）

4.9 郊游 2（陈法青生前提供）

4.10 郊游 3（陈法青生前提供）

4.11 参加费城清华同学会活动后回
到宿舍（陈法青生前提供）

4.12 野外写生 1（陈法青生前提供）

4.13 野外写生 2（陈法青生前提供）

4.14 在宿舍墙壁上张贴自己的画
作（陈法青生前提供）

4.15 泛舟在湖中（陈法青生前提供）

4.16 划船去（陈法青生前提供）

4.17 开心一刻（陈法青生前提供）

4.18 走在郊区的路上，右为杨廷宝（陈法青生前
提供）

4.19 在宿舍学习（陈法青生前提供）

4.20 经常到美国好友（墓园管理者）处做客、写生（陈法青生前提供）

4.21 爱好摄影（陈法青生前提供）

4.22 杨廷宝（左）与赵深（陈法青生前提供）

5. 中国同学

5.1 被美国学生赞誉的"中国小分队"。左起：杨廷宝、梁思成、林徽因、陈意（陈植姐姐）、孙熙明、赵深好友在一起出游（陈植摄，陈法青生前提供）

5.2 左起：杨廷宝、孙熙明、陈植、陈意（陈植姐姐）、梁思成、林徽因开心出游（赵深摄，陈法青生前提供）

5.3 右起：杨廷宝、林徽
因、梁思成、陈意（陈
植姐姐）、孙熙明、
赵深一起出游（陈植
摄，陈法青生前提供）

5.4 右起：杨廷宝、陈植、
林徽因、陈意（陈植
姐姐）、孙熙明、赵
深一道郊游（梁思成
摄，陈法青生前提供）

5.5 杨廷宝（后排坐者）
与宾大好友梁思成
（前躺者）、林徽
因（左3）、赵深（后
躺翘左腿者）、孙
熙明（右1）、陈
意（陈植姐姐）（左
1）郊游（陈植摄，
陈法青生前提供）

5.6 宾大时期，杨廷宝（右）与赵深
在野外写生（陈法青生前提供）

5.7 杨廷宝（右）与赵深写生归来
（陈法青生前提供）

5.8 杨廷宝（左）与赵深将写生画摆
放在赵深的汽车上展示（陈法青
生前提供）

5.9 1923 年，杨廷宝（左）与赵深在华盛顿林肯纪念堂前合影（杨士英提供）

5.10 杨廷宝（左）与赵深（陈法青生前提供）

5.11 杨廷宝（左 3）、赵深（左 1）与宾大同学
合影（陈法青生前提供）

5.12 杨廷宝（右）与同学合影（陈法青生前提供） 　5.13 杨廷宝（右）与陈植（陈法青生前提供）

5.14 杨廷宝（立者左3）、梁思成（立者右3）、陈植（蹲者左2）与费城清华校友合影（陈法青生前提供）

5.15 杨廷宝（右1）与宾大同学
合影（陈法青生前提供）

5.16 杨廷宝（左1）与中国学
生合影（陈法青生前提供）

5.17 杨廷宝（左1）与同学席阶
而坐（陈法青生前提供）

5.18 杨廷宝（右）与同学在树林（陈法青生前提供）

5.19 杨廷宝（左）与同学在公园（陈法青生前提供）

5.20 杨廷宝（右）与同学在池边小坐（陈法青生前提供）

5.21 杨廷宝（右）与同学在公园（陈法青生前提供）

5.22 杨廷宝（中）与同学在某教堂前合影（陈法青生前提供）

5.23 杨廷宝（右）与同学在公园（陈法青 生前提供）

5.24 杨廷宝（右）与同学在郊外

6. 美国友人

6.1 1924年杨廷宝（右1）与费城斯瓦斯摩学院好友全家游玩（陈法青生前提供）

6.2 杨廷宝（左）与美国同学（陈法青生前提供）

6.3 杨廷宝（左1）和陈植（左3）与美国友人一家（陈法青生前提供）

6.4 杨廷宝（右）与美国朋友手挽手（陈法青生前提供）

6.5 杨廷宝（右）与美国友人（陈法青生前提供）

6.6 杨廷宝与美国友人一家划船（陈法青生前提供）

6.7 杨廷宝（左）与美国情侣在一起（陈法青生前提供）

6.8 杨廷宝（左1）与美国友人一家（陈法青生前提供）

6.9 杨廷宝与美国好友母女游船（杨士英提供）

6.10 杨廷宝与美国小朋友（陈法青生前提供）

6.11 杨廷宝与美国小女孩（陈法青生前提供）

6.12 杨廷宝（右1）与美国友人一家（陈法青生前提供）

6.13 杨廷宝与美国友人全家（陈法青生前提供）

6.14 杨廷宝与宾大教授（陈法青生前提供）

6.15 杨廷宝（中）与美国同学在校园（陈法青生前提供）

7. 毕业时刻

TING PAO YANG
East Gate, Nanyang, Honan, China
Architecture
Tsing Hua College, Peking, China. Architectural Society; "Class Record" Board, Art Associate (4); Chinese Students' Club.

7.1 1924 年宾大年鉴（Entry from the 1924 Yearbook）中杨廷宝的毕业登记资料，
（来源：宾大艺术学院档案馆．杨本玉收集并提供）

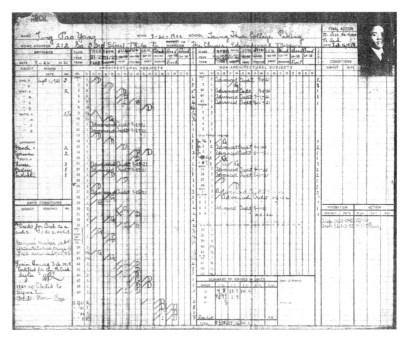

7.2 杨廷宝的大学成绩单（来源：宾大艺术学院档案馆．杨本玉收集并提供）

7.3 杨廷宝的大学成绩单译件（杨本玉翻译并誊写）

7.4 1924 年 2 月，杨廷宝（三排右 3）与同班同学坐在艺术学院入口台阶上的毕业合影（一排中为导师克瑞，三排右 5 为路易·康）（来源：宾大艺术学院档案馆．杨本玉收集并提供）

7.5 毕业化妆晚会前杨廷宝在制作舞台布景 （陈法青生前提供）

7.6 杨廷宝制作的舞台布景（杨士英提供）

7.7 毕业演出前杨廷宝在自制舞台布景前留影 （杨士英提供）

7.8 毕业演出前杨廷宝在宿舍排练亮相动 作（杨士英提供）

7.9 毕业演出时杨廷宝扮演轩辕黄帝剧照
　（杨士英提供）

7.10 杨廷宝舞台剧照（杨士英提供）

7.11 杨廷宝与同学舞台剧照（杨士英提供）

7.12 杨廷宝（左）与同学握手毕业道别
　（陈法青生前提供）

CHINESE STUDENT WINS U. OF P. HONOR

Ting Pao Yang Completes Course in Architecture in Less Than Three Years

MIDWINTER GRADUATION

To complete a four-year course after two and a half years' work would be sufficient in itself to induce in most persons incipient symptoms of the affliction designated as "swelled head." And on top of it all, to be the only one in the class to graduate with honors should corroborate the diagnosis.

But Ting Pao Yang, the twenty-three-year-old Chinese student, who will be graduated today as an architect from the University of Pennsylvania, bears his honors modestly. Yang is the only student out of a class of eleven to be graduated with honors.

Far from resting on his laurels, Yang was as hard at work as ever yesterday in the drafting room at the School of Fine Arts. For the last two years and a half his usual working hours have been from 8 o'clock in the morning until 11 at night, with sporadic intervals for lunch.

One hundred and seventy-seven students of the University of Pennsylvania will be awarded degrees today at the midwinter graduating exercises in Weightman Hall.

The orator of the day will be Dr. Charles R. Turner, dean of the Dental School. Led by members of the faculty and officials of the University, the students will march into the spacious hall at 11 A. M.

THE EVENING BULL

Bulletin 2/9/25

CHINESE STUDENT GETS HIGH HONOR

Dean of Fine Arts School at Penn Calls Him One of Most Brilliant

BOY DISLIKES RICE

Ting Pao Yang

Ting Pao Yang, twenty-three, Chinese student of the University of Pennsylvania who will receive the Master of Architecture degree at the graduation exercises next Saturday, is the most distinguished student at the School of Fine Arts of the University in recent years.

Yang is one of the most brilliant students there, said Dr. Warren P. Laird, dean of the school. He has won more individual prizes for his drawings than any other student in many years, school authorities say.

Yang is by no means a "grind," however. His joviality and his readiness to help underclassmen with their work have made him popular on the campus. His attainments have not turned his head in the least.

His room, on the third floor, 226 S. 38th st., is a typical student room with pennants and his own drawings decorating the walls.

The architects' course requires more time for preparation than almost any course in the University. Many of the students say they have to sit up all night when drawings have to be handed in the next day. But not so with Yang. He works on a well-balanced schedule.

"I always get in my eight hours of sleep," said Yang. "Three o'clock was the latest I ever stayed up. By doing a certain small amount of work a day, I have best been able to get things done. I enjoy my work and like to go out on Sunday afternoons to sketch the landscape.

"No, rice is not my favorite diet. The American idea that rice is the chief food of the Chinese is wrong. Many eat it in the districts most visited by the American tourists, but in Nanyang, in the province of Honan, where I lived, rice is eaten very little."

Yang is a member of three honorary societies of the school, Tau Sigma Delta, honorary society for architects, Sigma Xi, honorary fraternity for scientific achievement, and the Architectural Society, of which he is secretary.

Among the prizes which he has won recently are the Municipal Art Prize, the Emerson Prize, and the Warren Prize, all awarded by the Beaux Arts Society of New York this year. He came to the University with advanced credit from Tsing Hua College, Pekin. A year ago he was awarded his Bachelor of Architecture degree.

7.13 费城报纸报道杨廷宝在宾大学习成就（杨士英提供）

7.14 1925年2月9日费城晚报上刊登杨廷宝获毕业荣誉报道（来源：宾大艺术学院档案馆．杨本玉收集并提供）

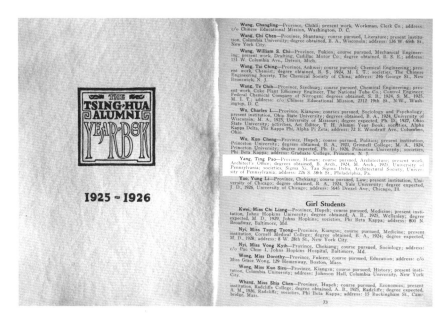

7.15 在美各校留学毕业的清华校友信息录（杨士英提供）

杨廷宝全集·七——影志卷

8. 硕士学位

8.1 1925 年 2 月 14 日，杨廷宝在宾大获硕士学位（杨士英提供）

8.2 1925年2月，杨廷宝获硕士学位照（陈法青生前提供）

8.3 1925年2月，获硕士学位的杨廷宝漫步在校园内（陈法青生前提供）

8.4 杨廷宝（中）与同获硕士学位的同学在校园合影（陈法青生前提供）

8.5 硕士研究生导师 P·克瑞（Paul Philippe Cret）（来源：《The Civic Architecture of Paul Cret》封面）

8.6 1925 年，杨廷宝在宾大硕士毕业时，赠送导师 P·克瑞的谢师之礼——《李明仲营造法式》（来源：宾大美术图书馆，顾凯摄并提供）

8.7 《李明仲营造法式》展开及杨廷宝赠书手迹（来源：宾大美术图书馆，顾凯摄并提供）

9. 设计实习

9.1 1925 年 2 月，杨廷宝进入导师 P·克瑞事务所实习（陈法青生前提供）

9.2 杨廷宝在 P·克瑞事务所参与的工程设计——底特律美术学院（来源：杨士萱 . 杨廷宝的足迹 . 世界建筑 [J].1987（2）.）

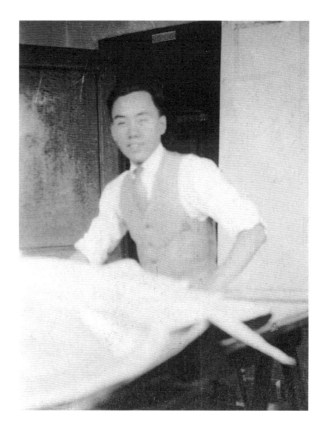

9.3 杨廷宝在 P·克瑞事务所工作（陈
　　法青生前提供）

9.4 杨廷宝在 P·克瑞事务所参与的工程设计——罗丹艺术馆（来源：杨士萱. 杨廷宝的足迹. 世
　　界建筑 [J]. 1987（2）.）

9.5 1925—1926年杨廷宝在P·克瑞建筑师事务
所实习时留影（陈法青生前提供）

9.6 杨廷宝在P·克瑞事务所参与的工程设计——亨利大桥（来源：杨士萱.杨廷宝的足迹.世界建筑[J].
1987（2）.）

9.7 杨廷宝在 P·克瑞事务所参与的工程设计——富兰克林大桥桥头堡（来源：杨士萱. 杨廷宝
的足迹. 世界建筑 [J]. 1987（2）.）

9.8 杨廷宝在 P·克瑞事务所参与的工程设计——港务局办公楼细部（来源：杨士萱. 杨廷宝的
足迹. 世界建筑 [J]. 1987（2）.）

10. 学成归途

10.1 杨廷宝回国前不忘恩师，到俄亥俄州乡村看望在清华读书时的美术老师斯达女士（陈法青生前提供）

10.2 美术老师斯达女士久久立在门前不舍离别的杨廷宝远去（陈法青生前提供）

10.3 1926年秋，杨廷宝（右）与赵深（左）、孙熙
　　 明（中）夫妇学成回国结伴游学西欧考察西方
　　 建筑途中在海轮上（陈法青生前提供）

10.4 杨廷宝（左1）与赵深（右1）、孙熙明（右2）夫妇在游学西欧考察西方建筑（陈法青生前提供）

10.5 游学西欧考察西方建筑 1（陈法青生前提供）

10.6 游学西欧考察西方建筑 2（陈法青生前提供）

10.7 游学西欧考察西方建筑 3（陈法青生前提供）

10.8 游学西欧考察西方建筑 4（陈法青生前提供）

10.9 游学西欧考察西方建筑 5
（陈法青生前提供）

10.10 游学西欧考察西方建筑 6
（陈法青生前提供）

10.11 游学西欧考察西方建筑 7
（陈法青生前提供）

10.12 游学西欧考察西方建筑 8
（陈法青生前提供）

10.13 游学西欧考察西方建筑 9（陈法青生前提供）

10.14 游学西欧考察西方建筑 10（陈法青生前提供）

10.15 游学西欧考察西方建筑 11（陈法青生前提供）

10.16 游学西欧考察西方建筑 12（陈法青生前提供）　　　10.17 游学西欧考察西方建筑 13（陈法青生前提供）

10.18 游学西欧考察西方建筑 14（陈法青生前提供）　　　10.19 游学西欧考察西方建筑 15（陈法青生前提供）

10.20 游学西欧考察西方建筑 16（陈法青生前提供）　　10.21 游学西欧考察西方建筑 17（陈法青生前提供）

10.22 杨廷宝（左）与赵深游学西欧考察西方建　　10.23 杨廷宝（右）与赵深游学西欧考察西
筑 18（陈法青生前提供）　　方建筑 19（陈法青生前提供）

10.24 杨廷宝游学西欧考察西方建筑的方式之一就是随时随地速写，大量记录所见所闻（杨士英提供）

10.25 杨廷宝游学西欧考察西方建筑期间，一路画瘾大发，画了数十幅水彩画作（杨士英提供）

1927 年 4 月，杨廷宝留美学成回国，并在完婚两周后，即赴天津基泰工程司成为第三合伙人，主持设计工作。

　　杨廷宝执业生涯可分四个阶段：

　　第一阶段（1927—1936 年）是杨廷宝执业生涯初显才华、创作精力旺盛且多产的黄金十年，也是以杨廷宝为代表的中国第一代留洋回国的建筑师纷纷创办事务所、开始登上建筑创作舞台、敢于与西洋建筑师在建筑设计竞赛中博弈并屡屡胜出的时期。他们在坎坷的成长道路上，以一腔爱国热血和高度的敬业精神，推动着中国的建筑事业起步和发展。

　　此阶段杨廷宝的近 50 项设计作品可分为四类：一是按西方古典建筑美学法则经简化、提炼，并将中西方建筑文化糅合在自己的作品中；二是借鉴西方大学校园规划设计手法，结合中国传统建筑院落布局方式，进行的中国校园规划设计作品；三是迎合当时"中国建筑固有风格"的思潮而设计的中国古典建筑式样的作品；四是对"新民族"形式探索的设计作品。

　　第二阶段（1935—1936 年）是杨廷宝致力于修缮北平十处古建筑时期。在此期间，

　　杨廷宝以留美学习所奠定的深厚学识基础和扎实设计基本功，与在克瑞事务所工作积累的实践经验、培养的精益求精的执业品格，以及在修缮中能虚心向民间匠师求教，使其对中国传统古建筑的特征烂熟于心，这对于杨廷宝今后一生创作出大量的具有中国传统建筑文化的优秀作品奠定了扎实基础。

　　第三阶段（1936—1949 年）是杨廷宝在基泰工程司南京（重庆）总所执业时期。在此期间，杨廷宝所设计的项目在功能上繁多复杂，在环境条件上大相径庭，在建造技术上千差万别，促使其在建筑创作理念与方法上渐进地在不断创新，并为探索中西方建筑文化相融合的建筑设计在中国的发展而作出不懈的努力。

　　第四阶段（1949—1982 年）是杨廷宝的社会角色已从执业建筑师转向专职教师的时期，他所从事的设计项目多半是结合教学，或以他的学术地位与社会声誉而进行参与。随着年龄的增长、社会活动的频繁，杨廷宝已无充沛精力、无充裕时间事必躬亲地完成工程设计了，而是由他人或合作设计单位在工程项目中实现他的设计思想。

　　以下是杨廷宝在执业各阶段的设计代表作。

1. 投身基泰事业起飞（1927 年）

1.1 投身基泰事业起飞（1927 年）（陈法青生前提供）

1.2 刚加入天津基泰工程司的杨
　　廷宝（童明提供）

1.3 1928 年初到天津的杨廷宝
　　（左）（陈法青生前提供）

1.4 1928 年基泰工程司迁入由杨廷宝主持设计的基
　　泰大楼，杨廷宝在 4 层办公。图为 1973 年又
　　增建一层的外观（来源：南京工学院建筑研究
　　所 . 杨廷宝建筑设计作品集 [M]. 北京：中国建筑
　　工业出版社，1983：14.）

1.5 1930年6月，经刘敦桢、卢树森介绍加入中国建筑师学会。图为中国建筑师学会1933年度年会到会会员合影，四排左3为杨廷宝（来源：《中国建筑》第一卷第一期）

1.6 1930年基泰工程司木工师傅制作的故宫角楼模型，现存于东南大学建筑学院（黎志涛摄）

1.7 1933年10月10日杨廷宝在上海工商部登记建筑科技师（来源：上海《申报》，1933年）

1.8 1934年杨廷宝在天津基泰工程司
（杨士英提供）

1.9 1934年基泰工程司同人合影（来源：张镈.我的建筑创作道路[M].天津大学出版社.2011：26.）

謹祝

母校同學進步

基泰工程司
關頌聲　朱彬
楊廷寶　關頌堅
楊寬麟　鞠躬

1.11 1935年杨廷宝
在基泰工程司
（杨士英提供）

1.10 1937年基泰工程司在
《清华年刊》上辟专版
署名"谨祝　母校同学
进步"（清华大学校史
馆刘惠莉提供）

2. 黄金十年尽显才华（1927—1936 年）

2.1 1927 年主持设计第一个工程项目沈阳京奉铁路辽宁总站（来源：南京工学院建筑研究所. 杨廷宝建筑
作品集 [M]. 北京：中国建筑工业出版社，1983：11.）

2.2 1928 年主持设计天津基泰大楼（来源：南京工学院建筑研究所. 杨廷宝建筑设计作品集 [M]. 北京：中国
建筑工业出版社，1983：13.）

2.3 1928年主持设计沈阳同泽女子中学教学楼（来源：南京工学院建筑研究所.杨廷宝建筑设计作品集 [M].
北京：中国建筑工业出版社，1983：25.）

2.4 1928年主持设计沈阳东北大学汉卿体育场（王从司摄并提供）

2.5 1928年主持设计沈阳东北大学法学院教学楼（来源：南京工学院建筑研究所. 杨廷宝建筑设计
作品集 [M]. 北京：中国建筑工业出版社，1983：21.）

2.6 1929年主持设计沈阳东北大学图书馆（来源：南京工学院建筑研究所. 杨廷宝建筑设计作品集
[M]. 北京：中国建筑工业出版社，1983：19.）

2.7 1929年主持设计沈阳少帅府（来源：韩冬青，张彤．杨廷宝建筑作品选 [M]．北京：中国建筑
工业出版社，2001：24.）

2.8 1929年主持设计国立清华大学生物馆（来源：韩冬青，张彤．杨廷宝建筑设计作品选 [M]．北京：
中国建筑工业出版社，2001：41.）

2.9 1930年主持设计国立清华大学学生宿舍——明斋（黎志涛摄）

2.10 1930年主持设计国立清华大学气
象台（来源：韩冬青，张彤.杨廷
宝建筑设计作品选[M].北京：中
国建筑工业出版社，2001：35.）

2.11 1930年主持设计国立清华大学图书馆扩建工程(来源:韩冬青,张彤.杨廷宝建筑设计作品选[M].北京:
中国建筑工业出版社,2001:37.)

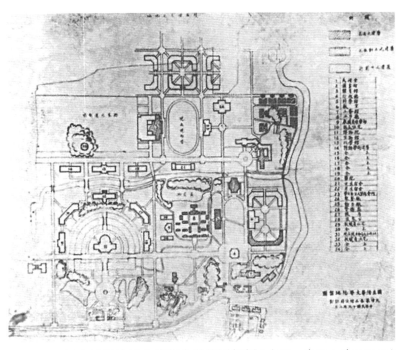

2.12 1930年主持设计国立清华大学校园规划(来源:清华大学新闻网)

2.13 1930年主持设计北平交通银行（陈法青生前提供）

2.14 1931年主持设计中央体育场田径赛场（来源：刘怡，黎志涛. 中国当代杰出的建筑师 建筑教育家杨廷宝 [M].
 北京：中国建筑工业出版社，2006：26.）

2.15 1931年主持设计中央体育场游泳池（来源：韩冬青，张彤 . 杨廷宝建筑设计作品选 [M]. 北京：中国
建筑工业出版社，2001：56.）

2.16 1931年主持设计中央医院（来源：南京工学院建筑研究所 . 杨廷宝建筑设计作品集 [M]. 北京：中国
建筑工业出版社，1983：62.）

2.17 1931 年主持设计南京国立紫金山天文台
　　台本部（黎志涛摄）

2.18 1931 年主持设计南京谭延闿墓（来源：韩冬青，张彤．杨廷宝建筑设计作品选 [M]．北京：中国建筑工业出版社，
　　2001：78．）

2.19 1931 年主持设计中央研究院地质研究所（黎志涛摄）

2.20 1932 年主持设计南京中山陵园音乐台（来源：南京新华报业熊晓绚提供）

2.21 1933年主持设计国立中央大学校门（来源：东南大学档案馆）

2.22 1933年主持设计中央研究院历史语言研究所（黎志涛摄）

2.23 1934年主持设计南京管理中英庚款董事会办公楼（张腾、倪钰程摄并提供）

2.24 1934年主持设计河南新乡河朔图书馆（来源：新乡市群众艺术馆）

2.25 1934 年主持设计重庆美丰
　　银行（来源：王建国.杨廷
　　宝建筑论述与作品选集 [M].
　　北京：中国建筑工业出版社，
　　1997：71.）

2.26 1934 年参与设计上海大新
　　公司（童寯摄，童明提供）

2.27 1934年主持设计陕西国立西北农林专科学校教学楼（来源：陕西西北农林科技大学档案馆）

2.28 1934年主持设计南京大华大戏院（来源：南京大华大戏院陈列室，黎志涛翻拍）

2.29 1934年主持设计国民党中央党史史料陈列馆（来源：南京工学院建筑研究所.杨廷宝建筑设计作品集 [M].北京：中国建筑工业出版社，1983：89.）

2.30 1936年主持设计南京金陵大学图书馆（来源：南京工学院建筑研究所.杨廷宝建筑设计作品集 [M].北京：中国建筑工业出版社，1983：99.）

2.31　1936 年主持设计中央研究院总办事处 （来源：韩冬青，张彤 . 杨廷宝建筑设计作品选 [M]. 北京：中
　　　国建筑工业出版社，2001：126.）

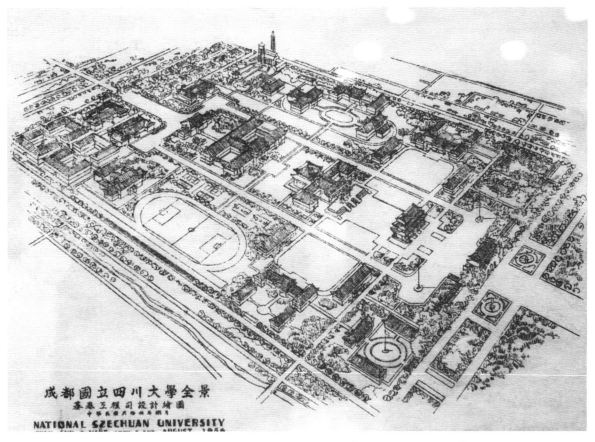

成都國立四川大學全景
秦基工程司設計繪圖

NATIONAL SZECHUAN UNIVERSITY

2.32　1936 年主持设计国立四川大学校园规划（来源：四川大学校史陈列馆，黎志涛翻拍）

3. 北平分所修缮古建（1935—1936 年）

3.1 北平文物整理工程技术顾问梁思成（右
2）、刘敦桢（右 3）、朱启钤（右 1）
和老木工侯良臣视察圜丘坛，在内围墙
棂星门前留影（来源：北京中国文化遗产
研究院档案室）

3.2 1935 年初，修缮北平古建筑前勘察现场。
右 2 为杨廷宝、右 1 为梁思成（陈法青生
前提供）

3.3 修缮北平古建筑前勘察现场。右 3 为杨廷
宝，右 2 为梁思成（陈法青生前提供）

3.4 修缮北平古建筑前勘察现场。右 1 为杨廷宝
（陈法青生前提供）

3.5 1935 年春，修缮北平古建前杨廷宝（右 2）与刘敦桢（右 1) 等勘察现场（杨士英提供）

3.6 杨廷宝（右）与刘敦桢勘察现场（杨士英提供）

3.7 杨廷宝在天坛圜丘坛外围墙南棂星门抱鼓石与门柱缝内树根前勘察现状（来源：北京中国文化遗产研究院档案室）

3.8 北平古建修缮期间杨廷宝在文物临时堆放处（陈法青生前提供）

3.9 1935 年 5 月 9 日杨廷宝（左 1）
与梁思成（右 2）、林是镇（左
3 三）、刘南策（右三）等在天
坛圜丘坛修缮开工时留影（来源：
北京中国文化遗产研究院档案室）

3.10 1935 年 5 月 9 日杨廷宝（正面者）
在圜丘坛开工现场（来源：北京
中国文化遗产研究院档案室）

3.11 杨廷宝（右 1）与谭炳训（右 2）、
林是镇（左 2）等在圜丘坛完工
验收现场留影（来源：北京中国
文化遗产研究院档案室）

3.12 圜丘坛修缮后全景（来源：北京中国文化遗产研究院档案室）

3.13 皇穹宇琉璃门修缮中（来源：北京中国文化遗产研究院档案室）

3.14 皇穹宇正殿修缮中（来源：北京中国文化遗产研究院档案室）

3.15 1935年冬杨廷宝（右1）等在皇穹宇琉璃门前验收时留影（来源：北京中国文化遗产研究院档案室）

3.16 1935年冬杨廷宝（左3）等在皇穹宇修缮验收时留影（来源：北京中国文化遗产研究院档案室）

3.17 皇穹宇修缮后外观（来源：北京中国文化遗产研究院档案室）

3.18 皇穹宇修缮后全景（来源：北京中国文化遗产研究院档案室）

3.19 杨廷宝在修缮天坛祈年殿的工地上（杨士英提供）

3.20 修缮中的祈年殿（来源：北京中国文化遗产研究院档案室）

3.21 杨廷宝在祈年殿宝顶旁的脚手架上（杨士英提供）

3.22 杨廷宝（左2）与工匠在祈年殿屋顶修缮时留影（来源：北京中国文化遗产研究院档案室）

3.23 杨廷宝在修缮祈年殿宝顶完工复位前，在雷公柱上留下修缮笔迹（来源：北京中国文化遗产研究院档案室）

3.24 杨廷宝在祈年殿金顶复位后留影（来源：北京中国文化遗产研究院档案室）

3.25 祈年殿修缮后全景（南京新华报业熊晓绚提供）

3.26 1936年旧都文物整理实施事务处主要成员在东南角楼修缮工程开工合影，左起：谭炳训、刘南策、林是镇，右1杨廷宝（来源：中国文物研究所.中国文物研究所七十年[M].北京：文物出版社，2005：206.）

3.27 修缮中的东南角楼（陈法青生前提供）

3.28 1936年杨廷宝（右6）于东南角楼验收时合影（来源：北京中国文化遗产研究院档案室）

3.29 1936年修缮北平东南角楼竣工后，杨廷宝（左3）与旧都文物整理实施事务处林是镇（右4）等主要成员合影（陈法青生前提供）

3.30 东南角楼修缮后全景（来源：王建国.杨廷宝建筑论述与作品选集[M].北京：中国建筑工业出版社，1997：21.）

3.31 1936年修缮后的东南楼全景（来源：中国文物研究所.中国文物研究所七十年[M].北京：文物出版社，2005：206.）

3.32 修缮西直门箭楼（来源：互联网）

3.33 修缮中南海紫光阁（来源：王建国.杨廷宝建筑论述与作品选集 [M].北京：中国建筑工业出版社，1997：24.）

3.34 杨廷宝（左4）、林是镇（左5）等在国子监辟雍工程开工时合影（来源：北京中国文化遗产研究院档案室）

3.36 修缮后的国子监辟雍（来源：王建国.杨廷宝建筑论述与作品选集 [M].北京：中国建筑工业出版社，1997：23.）

3.35 国子监辟雍修缮前残破景象（来源：北京中国文化遗产研究院档案室）

3.37 1936年，杨廷宝（上）与刘敦桢（下）勘察正觉寺金刚宝座塔现状（杨士英提供）

3.38 杨廷宝（中）与林是镇、刘敦桢（右）在正觉寺金刚宝座塔勘察（杨士英提供）

3.39 1936年正在修缮的正觉寺金刚宝座塔（来源：中国文物研究所.中国文物研究所七十年[M].北京：文物出版社，2005：304.）

3.40 正觉寺金刚宝座塔修缮后（来源：王建国.杨廷宝建筑论述与作品选集[M].北京：中国建筑工业出版社，1997：25.）

3.41 玉泉山玉峰塔修缮后（来源：王建国.杨廷宝建筑论述与作品选集[M].北京：中国建筑工业出版社，1997：26.）

3.42 碧云寺罗汉堂修缮前内部柁架天花 残破现状（来源：北京中国文化遗 产研究院档案室）

3.43 碧云寺罗汉堂内部彩画修缮后景象 （来源：北京中国文化遗产研究院档 案室）

3.44 碧云寺罗汉堂修缮后外观（来源：王建国.杨廷宝建筑论述与作品选集 [M].北京： 中国建筑工业出版社，1997：27.）

4.南京总所多产佳作（1937—1949 年）

4.1 1937 年主持设计重庆陪都国
民政府办公楼改造（来源：重
庆市渝中区政协）

4.2 1937 年主持设计国立四川大学图书馆（来源：南京工学院建筑研究所.杨廷宝建筑设
计作品集 [M].北京：中国建筑工业出版社，1983：109.）

4.3 1937 年主持设计国立四川大学理化楼（来源：四川大学校史陈列馆）

4.4 1937 年主持设计成都励志社大楼（来源：黎志涛摄）

4.5 1939 年主持设计重庆嘉陵新村
　　国际联欢社（来源：南京工学院
　　建筑研究所．杨廷宝建筑设计作品
　　集 [M]．北京：中国建筑工业出版
　　社，1983：114.）

4.6 1939 年主持设计重庆嘉陵新村圆
　　庐（来源：舒莺提供）

4.7 1939 年主持设计成都刘湘墓园（吴艺兵摄并提供）

4.8 1941 年主持设计重庆农民银行（来源：南京工学院建筑研究所. 杨廷宝建筑设计作品
集 [M]. 北京：中国建筑工业出版社，1983：126.）

4.9 1941 年主持设计重庆中国滑翔总会跳伞塔（舒莺提供）

4.10 1943 年主持设计重庆林森墓园（舒莺摄并提供）

4.11 1946年主持设计南京公教新村（来源：南京工学院建筑研究所.杨廷宝建筑设计作品集[M]，
北京：中国建筑工业出版社，1983：137.）

4.12 1946年主持设计南京儿童福利站（来源：南京工学院建筑研究所.杨廷宝建筑设计作品集[M].
北京：中国建筑工业出版社，1983：143.）

4.13 1946 年主持设计南京国民政
府盐务总局办公楼（来源：
南京工学院建筑研究所．杨
廷宝建筑设计作品集 [M]．北
京：中国建筑工业出版社，
1983：147．）

4.14 1946 年主持设计南京基泰工
程司办公楼扩建工程（来源：
南京工学院建筑研究所．杨
廷宝建筑设计作品集 [M]．北
京：中国建筑工业出版社，
1983：148．）

4.15 1946年主持设计南京成贤小筑（黎志涛摄）

4.16 1946年主持设计南京国际联欢社扩建工程（黎志涛摄）

4.17 1946年主持设计南京北极阁宋子文公馆（来源：南京工学院建筑研究所.杨廷宝建筑设计作品集 [M].
北京：中国建筑工业出版社，1983：155.）

4.18 1946年主持设计南京翁文灏公馆（来源：南京工学院建筑研究所.杨廷宝建筑设计作品集[M].北京：中国建筑
工业出版社，1983：151.）

4.19 1947年主持设计南京空军新生社（来源：南京工学院建筑研究所.杨廷宝建筑设计作品集[M].北京：中国建筑
工业出版社，1983：160.）

4.20 1941年主持设计南京招商局办公楼（黎志涛摄）

4.21 1947年主持设计国民政府资源委员会办公楼（来源：刘先觉，王昕.江苏近代建筑 [M].南京：江苏科学技术出版社，
2008. 王虹军摄）

4.22 1947年主持设计南京下关火车站扩建工程（来源：南京工学院建筑研究所．杨廷
  宝建筑设计作品集[M].北京：中国建筑工业出版社，1983：132.）

4.23 1947年主持设计中央研究院化学研究所（来源：南京工学院建筑研究所．杨廷宝
  建筑设计作品集[M].北京：中国建筑工业出版社，1983：174.）

4.24 1947年主持设计南京正气亭（邱维级摄并提供）

4.25 1948年主持设计南京延晖馆（来源：韩冬青，张彤.杨廷宝建筑设计作品选[M].北京：中国建筑工业出版社，2001：134.）

4.26 1948 年主持设计中央研究院九华山职工宿舍（来源：南京工学院建筑研究所 . 杨廷宝建筑
　　　设计作品集 [M]. 北京：中国建筑工业出版社，1983：176.）

4.27 1948 年主持设计南京中央通讯社总社办公大楼（来源：南京工学院建筑研究所 . 杨廷宝建
　　　筑设计作品集 [M]. 北京：中国建筑工业出版社，1983：177.）

5. 加入兴业再创经典（1951—1952 年）

5.1　1951 年设计北京和平宾馆，渲染图（陈法青生前提供）

5.2　南立面近景 [来源：建筑工程部建筑科学研究院 . 建筑十年（中华人民共和国建国十
周年纪念 1949–1959）. 图号 86]

5.3 杨廷宝（前排中）和杨宽麟（二排左1）与兴业公司领导及和平宾馆工程有关负责人在工地合影
（杨伟成提供）

5.4 在和平宾馆开工的工地上，杨廷宝（右2）、杨宽麟（左2），谈笑风生（来源：东南大学档案馆）

5.5 杨廷宝（左）与杨宽麟这对基泰 20 多年的
老搭档又携手出现在北京和平宾馆的建设
工地上（来源：东南大学档案馆）

5.6 1952 年 9 月北京和平宾馆竣工时杨廷宝（前排左 2）与兴业公司设计部同仁在宾馆前
合影。前排左 3 是杨宽麟，后排左 1 是巫敬桓，前排右 2 是张琦云（来源：东南大学档
案馆）

5.7 1952年，杨廷宝（坐在车上女子张琦云身后戴帽者）与兴业设计部同仁乘马车去云岗路上，右2为巫敬桓（巫加都提供）

5.8 1952年，杨廷宝（左2）与兴业同仁出游。右2是张琦云（来源：江苏省档案馆）

5.9 1952年，杨廷宝（前排左
　　1）与兴业设计部同仁在山
　　西大同云冈石窟，前排右
　　1是巫敬桓，上排右1是张
　　琦云（巫加都提供）

5.10 1952年杨廷宝同兴业设计
　　部工程师在大同华严寺合
　　影，前排右1为巫敬桓，
　　后排右2为杨廷宝，右5
　　为张琦云，右7为杨伟成
　　（来源：东南大学档案馆）

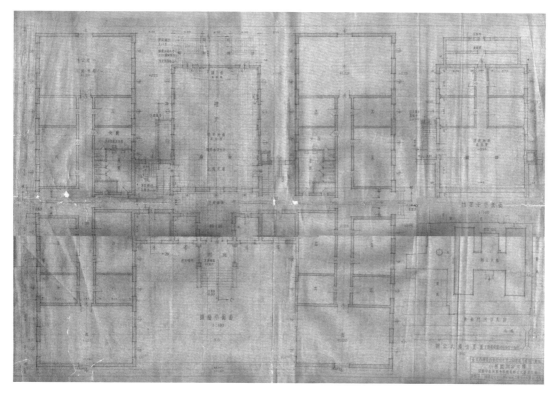

5.11 1951 年设计北京中华全国工商联办公楼，施工图，张琦云绘（来源：北京城建档案馆，
    巫加都收集并提供）

5.12 北京全国工商业联合会办公楼外景（来源：南京工学院建筑研究所．杨廷宝建筑设计作
    品集 [M]．北京：中国建筑工业出版社，1983：189．）

5.13 1953 年设计北京王府井百货大楼，渲染图，巫敬桓绘（巫加都提供）

5.14 北京王府井百货大楼全景（巫加都提供）

6. 南工参与工程项目（1953—1979年）

6.1 1953年设计南京华东航空学院教学楼（来源：南京工学院建筑研究所．杨廷宝建筑设计作品集[M]．北京：中国建筑工业出版社，1983：193．）

6.2 1953年设计南京大学东南楼、西南楼（来源：南京工学院建筑研究所．杨廷宝建筑设计作品集[M]．北京：中国建筑工业出版社，1983：196．）

6.3 1954年设计南京工学院五四楼（唐滢、张博涵摄）

6.4 1955年设计南京工学院五五楼（黎志涛摄）

6.5 1956年设计南京工学院动力楼（来源：南京工学院建筑研究所. 杨廷宝建筑设计作品集 [M].
北京：中国建筑工业出版社，1983：202.）

6.6 1956年主持南京林业学院校园中心区规划设计（来源：南京林业大学档案馆）

6.7 1956年主持南京工学院兰园教授住宅设计（黎志涛摄）

6.8 1957年主持南京工学院沙塘园学生食堂设计（来源：南京工学院建筑研究所. 杨廷宝建筑设计作品集
[M]. 北京：中国建筑工业出版社，1983：206.）

6.9 1957 年设计南京工学院中大院扩建两翼（黎志涛摄）

6.10 1957 年设计南京工学院大礼堂扩建两翼（来源：东南大学档案馆）

杨廷宝全集·七 —— 影志卷

6.11 1957 年设计江苏省省委一号楼（黎志涛摄）

6.12 1958 年参与北京人民大会堂方案设计集体创作并主持竣工验收（来源：中国建筑学会.建筑设计
       十年.1959 年.）

6.13 1958年参与北京站设计（来源：国家基本建设委员会建筑科学研究院.新中国建筑[M].北京：中国建筑工业出版社，1976.）

6.14 1964—1968年参与南京长江大桥桥头堡方案设计集体讨论和主持评审（来源：互联网）

6.15 1959年设计徐州淮海战役革命烈士纪念塔（来源：南京工学院建筑研究所.杨廷宝建筑设计作品集[M].北京：中国建筑工业出版社，1983：210.）

6.16 1972年设计南京民航候机楼（来源：南京工学院建筑研究所.杨廷宝建筑设计作品集[M].北京：中国建筑工业出版社，1983：196.）

6.17 1975 年 4 月，杨廷宝（中）与参加北京图书馆新馆方案设计准备会议的代表合影（国家图书馆胡
　　建平提供）

6.18 1975 年 9 月杨廷宝（一排左 5）与参加北京图书馆新馆方案设计讨论会全体人员合影局部（国家
　　图书馆胡建平提供）

6.19 1975年杨廷宝在北京图书馆新馆设计讨论会上介绍方案（潘谷西提供）

6.20 1975年9月组成以杨廷宝（左3）为组长，黄远强（左1）、张镈（左2）副组长、戴念慈（右3）、
林乐义（右2）、吴良镛（右1）为组员的北京图书馆新馆"五老"设计团队（来源：张镈.我的
建筑创作道路[M].天津大学出版社.2011：286.）

6.21 1975 年 9 月，杨廷宝（前排左 15）与参加北京图书馆新馆方案设计的全体成员合影（国家图书馆胡建平提供）

6.22 1976 年 4 月杨廷宝（一排左 5）参加北京图书馆新馆方案设计汇报会与戴念慈（一排右 1）、张镈（一排右 3）、
陈植（一排左 3）、吴良镛（二排右 9）等合影（陈法青生前提供）

6.23 1987 年国家图书馆基本按杨廷宝初始规划方案构思落成（国家图书馆胡建平提供）

6.24　1976年10月杨廷宝（中）参加毛主席纪念堂方案设计集体讨论

前排左起：袁镜身、沈勃、陈植、张锦秋、杨廷宝、顾明、华德润、黄国民、甘子玉、方伯义、齐明光、徐荫培、李光耀、黄远强。后排左起：杨芸、朱燕吉、王炜钰、关滨蓉、章又新（来源：马国馨提供）

6.25　1977年9月9日，毛主席纪念堂落成开放（来源：《建筑学报》1977年第4期封底）

6.26　南立面外景（来源：《建筑学报》1977年第4期封面）

7. 在建研所指导设计（1979—1982年）

7.1 1979年指导设计上海南翔古漪园逸野堂（黎志涛摄）

7.2 1979年指导设计江苏泰兴杨根思烈士陵园（黎志涛摄）

7.3 1980 年春，指导设计南京清凉山崇正书院（黎志涛摄）

7.4 1980 年指导设计南京雨花台烈士纪念馆（黎志涛摄）

7.5 1981年指导设计福建武夷山庄（来源：南京工学院建筑系 建筑研究所编．教师设计作品选．南京，南京工学院出
版社，1987：56）

7.6 1981年指导设计南京雨花台红领巾广场（黎志涛摄）

1940 年，杨廷宝应聘步入重庆中央大学建筑工程系，从此，历史的责任与机遇为杨廷宝后半生开启了成就新领域事业的大门。尽管时值抗日烽火，艰难办学，但杨廷宝与同仁们同舟共济，不但挽救了中国建筑教育的命运，培养了众多日后成为中国建筑事业和建筑教育领域的杰出人才，而且塑造的"中大体系"教育思想和形成的优良传统成为中国建筑教育的传家宝并延续至今。

　　自新中国诞生至 1959 年的十年，是杨廷宝担任南京工学院建筑系系主任，投身建筑教育最为辉煌的时期。即使后来因政务、业务、国际事务繁忙而卸去系主任一职，也从未离开过教学岗位。他始终为人师表地示范着做人的立身之道，狠抓办学正确方向，注重教学计划实施的切实可行性，强调对学生基本功的训练，严谨教学，坚持走理论联系实际的教学路径，带领师生参与国家重大项目的设计实践，结合教学开展课题研究，亲力亲为营造生动活泼的教学氛围，使学生在建筑教育特有的人文环境中潜移默化地

五、献身建筑教育

受到熏陶感染，以此培育他们的专业素质、美学修养、高雅情操和人生大爱的儒雅气质。总之，杨廷宝在教学领域所闪烁的独有教育思想，卓有成效的教学实践，以及所形成的"南工风格"，不但继承发扬了"中大体系"的优良传统，使办学水平始终领先于国内同类院系的前列，而且与同仁们共同培养了一代代优秀人才。

1979年，杨廷宝自担任南京工学院建筑研究所所长起，在他人生最后三年中，除仍心系建筑系的发展外，已从身体力行地投身建筑教育转向了对大建筑观、拓展学科发展、重视环境生态保护、把脉风景区规划等，以及在研究生教育中带领师生对建筑、历史环境、规划等各领域进行多学科融合的深入理论研究和设计实践，足迹遍布全国进行实地调研、考察，指导各地城市与风景区建设。为此，杨廷宝在一生为国奉献中，付出了最后的全部精力和智慧。

1. 在国立中央大学 (1940—1949 年)

1.1 杨廷宝于重庆老君洞（来源：童明提供）

1.2 20 世纪 40 年代国立中央大
学在沙坪坝的校区全景（来
源：陈华摄影.百年南大老建筑
[M].南京：南京大学出版社，
2002：12.)

1.3 20 世纪 40 年代国立中央大学
在重庆沙坪坝的校区（来源：
陈华摄影,百年南大老建筑 [M].
南京：南京大学出版社,2002：
12.）

1.4 20 世纪 40 年代国立中央大学
在重庆沙坪坝教室群坡下的球
场学生正在打篮球（来源：东
南大学档案馆）

1.5 重庆沙坪坝国立中央大学
　　校门（来源：东南大学档案
　　馆）

1.6 1942年国立中央大学在重
　　庆沙坪坝校区建的大礼堂
　　（来源：东南大学档案馆）

1.7 重庆国立中央大学第七教室
　　（来源：东南大学档案馆）

1.8 从山坡上向下看教室群（来源：东南大学档案馆）

1.9 20世纪40年代国立中央大学在重庆沙坪坝校区的
教室群（来源：东南大学档案馆）

1.10 从松林坡上俯视国立中央大学沙坪坝
校园（来源：东南大学档案馆）

1.11 20 世纪 40 年代国立中央大学在
重庆沙坪坝的教室内部（来源：
东南大学档案馆）

1.12 20 世纪 40 年代国立中央大学在
重庆沙坪坝的学生宿舍内景（来
源：东南大学档案馆）

1.13 国立中央大学建筑工程系 1944
届女生宿舍内景。桌布、花瓶、
灯罩均为纸折而成（来源：潘谷
西.东南大学建筑系成立七十周
年纪念专集 [M].北京：中国建筑
工业出版社，1997：17.原图片张
守仪提供）

1.14 1943年国立中央大学建筑工程系全体同学于重庆沙坪坝系馆外留影。左起为杨光珠、张
　　 守仪、潘锡之、萧宗谊、胡允敬、李均、程应铨、向斌南、陈其宽、黄僖、辜传海、姚岑章、
　　 吴良镛、刘应昌、郭耀明、刘朝阳（来源：潘谷西.东南大学建筑系成立七十周年纪念专集 [M].
　　 北京：中国建筑工业出版社，1997：16.原图片张守仪提供）

1.15 抗战时期，国立中央大学建筑工程系 1946 届同学在重庆沙坪坝设计教室里上课（来源：
　　 东南大学档案馆）

1.16 1946 年复员南京时的国立中央大学建筑工程系临时绘图教室外景（来源：潘谷西 . 东南大学建筑系成立七十周年纪念专集 [M]. 北京：中国建筑工业出版社 ,1997：20.）

1.17 1946 年复员南京时的国立中央大学建筑工程系设计教室（来源：东南大学档案馆）

1.18 杨廷宝复员南京后进行户籍登记（来源：南京市档案馆）

1.19 国立中央大学 1929 年建教学楼，抗战胜利后，国立中央大学复员南京划归工学院使用，建筑工程系系馆曾在此楼北半部（来源：东南大学档案馆）

167

1.20 1949 年在国立中央大学的杨廷宝教授（来源：江苏省档案馆）

1.21 1949 年国立中央大学建筑工程系教师与末届（1949 届）毕业生合影。后排左起：卢绳、张镛森、刘光华、童寯、徐中、杨廷宝、刘敦桢、樊明体、黄兰谷、张致中（来源：杨永生，明连生.建筑四杰 [M].北京：中国建筑工业出版社，1998：4.）

2. 在南京工学院（1949—1979 年）

2.1 1952 年 9 月，全国高等院系调整，原
南京大学文理与工科分离，改名南京
工学院建筑系，继任系主任的杨廷宝
教授摄于校图书馆前（杨士英提供）

2.2 1952 年，杨廷宝教授（右 1）与学生们在校园交谈（黄伟康提供）

2.3 1952年，杨廷宝教授（右2）与刘光华教授（右1）在南京体育学院游泳池（杨廷宝设计）现场为学生讲解游泳池设计（来源：刘先觉.杨廷宝先生诞辰一百周年纪念文集[M].北京：中国建筑工业出版社，2001：照片页11.）

2.4 1953年4月，杨廷宝教授（中）在南京体育学院游泳池给学生现场讲课（杨士英提供）

2.5 1953 年 1 月 29 日，杨廷宝教授在自宅
　　窗前留影（杨士英提供）

2.6 1953 年杨廷宝教授（前排右 3）与 1953 届学生在建筑系入口
　　合影（黄伟康提供）

2.7 1953 年，杨廷宝教授（右）与他的学生在
　　瑞士的合影（来源：东南大学档案馆）

2.8 杨廷宝的备课笔记（杨士英提供）

2.9 1953年，杨廷宝教授(右2) 带领学生参加南京华东航 空学院教学楼设计时踏勘 地形（黄伟康提供）

2.10 1953年，杨廷宝教授（右 2）带领学生现场设计， 规划南京华东航空学院校 园（黄伟康提供）

2.11 1955年6月1日，杨廷宝出席中国科学院学部成立大会（来源：互联网）

2.12 1955年杨廷宝当选第一批中国科学院技术科学部学部委员（院士）。图为由时任中国科学院院长郭沫若签发的院士证书（来源：东南大学档案馆）

2.13 1955年6月8日，杨廷宝在中国科学院学部成立大会期间，被提名为技术科学部常务委员会候选人并当选。左图为参会通知（来源：东南大学档案馆）

2.14 1956年6月8日，杨廷宝在中国科学院学部成立大会期间，被提名为第一届技术科学部常务委员会委员候选人并当选。右图为候选人名单（来源：东南大学档案馆）

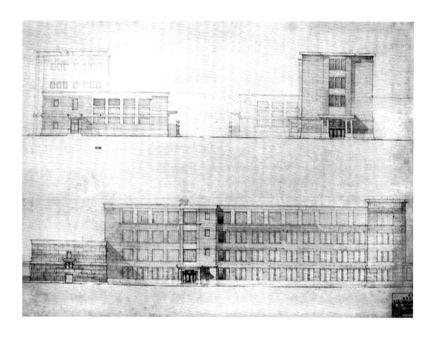

2.15 1955年杨廷宝教授指导
孙钟阳的毕业设计——
建筑系教学楼（立面图）
（来源：东南大学建筑学
院资料室）

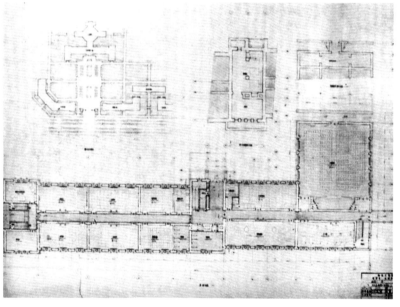

2.16 1955年杨廷宝教授指导
孙钟阳的毕业设计——
建筑系教学楼（平面图）
（来源：东南大学建筑学
院资料室）

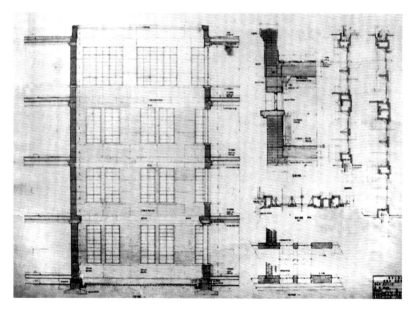

2.17 1955年杨廷宝教授指导
孙钟阳的毕业设计——
建筑系教学楼外墙（大
样图）（来源：东南大学
建筑学院资料室）

2.18 20 世纪 50 年代，杨廷宝系
  主任在建筑系体育运动会开
  幕式上致辞（鲍家声提供）

2.19 1956 年，杨廷宝教授参观北
  京官厅水库（杨士英提供）

2.20 1956年9月，杨廷宝兼任建工部建筑科学研究院与南工合办"公共建筑研究室"主任，图为杨廷宝教授（前）与公共建筑研究室的同志一起研讨工作（来源：东南大学档案馆）

2.21 1962年11月29日，杨廷宝教授（前排左5）与公共建筑研究室同志在南工梅庵召开《综合医院建筑设计》鉴定会（来源：江苏省档案馆）

2.22 杨廷宝在陕西咸阳某医院进行调查，边参观边讲解（来源：
潘谷西.东南大学建筑系成立七十周年纪念专集[M].北京：中
国建筑工业出版社，1997：188.江德法提供）

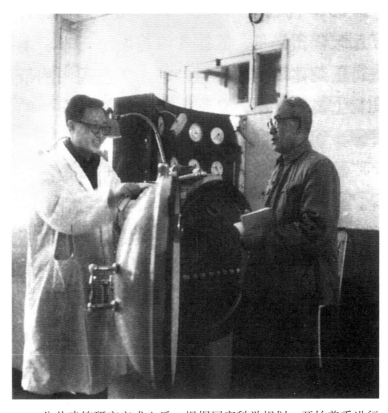

2.24 1964年8月，《综合医院建筑
设计》正式出版发行（来源：东
南大学建筑学院中文图书室）

2.23 公共建筑研究室成立后，根据国家科学规划，开始着手进行
"综合医院建筑设计"课题研究。图为杨廷宝教授在做实地
调研(来源：潘谷西.东南大学建筑系成立七十周年纪念专集[M].
北京：中国建筑工业出版社，1997：188.）

2.25 1957年4月，杨廷宝教授（后排左3）和夫人（二排右2）等建筑系教师参加高民权、蔡冠丽二位老师的婚礼（蔡冠丽提供）

2.26 1957年4月，杨廷宝教授（前排右3）和夫人（前排右2）等参加高民权、蔡冠丽二位老师的婚礼（蔡冠丽提供）

2.27 1958 年，杨廷宝带领建筑系师生参加北京站设计，图为学生在工地合影（单踊提供）

2.28 1965年7月，杨廷宝（前排右3）在梁思成（前排右1）陪同下视察清华大学建筑系建五班和建六班左家庄
毕业设计小组，并与指导教师们讨论教学（来源：清华大学建筑学院资料室。左川索取并提供）

2.29 20世纪70年代，杨廷宝教授标准照（陈法青生前提供）

2.30 1970年，杨廷宝教授标准像（杨士英提供）

2.31 1971年12月，杨廷宝教授（左2）带领教师钟训正（左3）、姚自君（左1）教学调研，顺道参观韶山毛泽东故居（姚自君提供）

2.32 1973 年 4 月，杨廷宝教授（二排右 2）与童寯教授（二排右 4）带领钟训正（二排右 1）、齐康（二排右 3）、
吴明伟（一排左 1）等中青年教师考察安徽省采石太白楼（吴明伟提供）

2.33 20世纪70年代，杨廷宝
教授（中）给学生讲解中
国古建筑（来源：东南大学
档案馆）

2.34 1970年，杨廷宝教授（中）
向学生介绍北京火车站设
计（来源：江苏省档案馆）

2.35 20世纪70年代，杨廷宝教
授（右2）与中青年教师杨
德安（左1）、徐敦源（左
2）、陈宗钦讨论南京长江
大桥桥头堡方案（南京工学
院建筑系摄影室提供）

2.36 1970 年代末，杨廷宝带领 1978 级学生在南京鼓楼现场教学（来源：中央电视台《百年巨匠—建筑篇》剧组提供）

2.37 1970 年，杨廷宝教授（前左 1）带领学生在南京长江大桥进行现场教学（来源：江苏省档案馆）

2.38 1975年冬，杨廷宝教授（二排左3）与参加《苏州古典园林》书稿审定会的成员在苏州
拙政园荷风四面亭前合影（来源：杨永生. 建筑百家回忆录续编 [M]. 北京：知识产权出版
社 中国水利水电出版社，2003：129.）

2.39 1978年春，杨廷宝（右1）、童寯（右2）与刘光华（右3）相聚在刘光华家中（刘光华提供）

2.40 1978 年 3 月，杨廷宝出席"全国科学大会"（来源：网络）

2.41 1976 年 10 月再版《综合医院建筑
设计》，并于 1978 年获全国科学
大会重大贡献奖（来源：东南大学
建筑学院中文图书室）

2.42 1978年12月5日，杨廷宝教授（左3）在广州开会时到农民运动讲习所写生巧遇本系教师并合影（来源：江苏省档案馆）

2.43 1978年杨廷宝（中）在吴良镛（左）、刘小石陪同下访问清华大学，在图书馆入口大台阶上合影（来源：清华大学建筑学院资料室，左川收集提供）

2.44 1979年杨廷宝（前排中）同建筑系教师在徐州与南工建筑系校友合影（黄伟康提供）

2.45 1979年9月，杨廷宝教授（左7）应邀赴福建视察武夷山风景区规划与建设，并做学术报告和座谈会时在景区合影（来源：江苏省档案馆）

2.46 1981年6月，某外校七七级毕业生小组来南京工学院教学调研时，杨廷宝教授（前左3）与建筑系教师接见学生并在建筑系门前合影（来源：江苏省档案馆）

2.47 南京工学院建筑工程系全体老师与 1953 届毕业生合影。一排左起：童寯、刘敦桢、李剑晨、
杨廷宝、刘光华、龙希玉、张镛森、陈裕华、甘枉（黄伟康提供）

2.48 1955 年杨廷宝（左 6）、刘敦桢（左 4）、童寯（左 8）、李剑晨（左 5）等教授与南京工
学院建筑系 1955 届毕业生合影（单踊提供）

2.49 1957年杨廷宝教授（二排左8）、刘敦桢教授（二排左9）等教师与南京工学院建筑系1957届毕
　　　业生合影（单踊提供）

2.50 1961年杨廷宝教授（前排左3）等教师与1961届（民用建筑专门化）毕业生合影（单踊提供）

2.51　1963 年杨廷宝教授（前排右 9 ）、刘敦桢教授（左 5 ）、李剑晨教授（左 6 ）、童寯教授
　　　（右 7 ）等教师与南京工学院建筑系 1963 届毕业生合影（单踊提供）

2.52　1977 年杨廷宝教授（一排右 6 ）等教师与南京工学院建筑系 1977 届毕业生在大礼堂前
　　　合影（单踊提供）

2.53 20世纪80年代杨廷宝教授（二排右8）同建筑系毕业生在大礼堂前合影（来源：江苏省档案馆）

2.54 1982年1月，杨廷宝（二排左8）、童寯（二排左9）等教授与恢复高考后第一届（1982届）毕业生在校大礼堂前合影。二排左起：孙钟阳、陈励先、甘桂、黄伟康、朱德本、许以诚、刘光华、杨廷宝、童寯、齐康、张致中、冯志鹏（书记）、潘谷西、刘琪（单踊提供）

3. 在建筑研究所（1980—1982 年）

3.1 1979 年 12 月，南京工学院成立建筑研究所，杨廷宝任所长（来源：东南大学档案馆）

3.2 杨廷宝教授（中）与南京工学院建筑研究所老师在一起（南京新华报业熊晓绚提供）

3.3 1980年杨廷宝教授在建筑
研究所（陈法青生前提供）

3.4 杨廷宝教授（右2）在指导研究生学习（来源：东南大学档案馆）

3.5 1980年春，杨廷宝（右2）与同事们讨论方案（来源：东南大学电教中心提供录像截屏）

3.6 1980年春，杨廷宝（左1）在南京中山陵园音乐台给研究生现场讲课（来源：东南大学电教中心提供录像截屏）

3.7 杨廷宝在介绍设计方案（陈法青生前提供）

3.8 20世纪80年代杨廷宝在审图
（陈法青生前提供）

3.9 1980年杨廷宝教授的南京工学
院游泳证（陈法青生前提供）

3.10 1980年10月，杨廷宝在一次
农村居民点规划设计方案讨
论会上讲话（杨士英提供）

3.11 1980年11月杨廷宝教授（右3）与朱畅中教授（右2）、陈从周教授（右4）等专家在参加武夷山风景区规
划座谈会期间实地考察（来源：江苏省档案馆）

遊武夷山
楊廷寶教授遺作

桂林山水甲天下

武夷風景勝桂林

幽澗奇峰行畫裏

蓬萊何必海中尋

朱畅中 敬书

3.12 1980年11月，杨廷宝"游武夷山"
诗作（朱畅中手书）

3.13 1980 年 11 月，杨廷宝在视察武夷山风景区通往水帘洞的天心路口途中留影（杨士英提供）

3.14 1980 年 11 月杨廷宝在视察武夷山风景区时，在水帘洞景区实地考察（来源：江苏省档案馆）

3.15 1980 年 11 月，杨廷宝教授（左）与建筑研究所赖聚奎（中）、陈宗钦老师在武夷山天游茶洞口景点视察时留影（来源：江苏省档案馆提供）

3.16 1980 年 11 月，杨廷宝教授（左）与地方陪同人员在武夷山天游茶洞口景点留影（来源：东南大学档案馆）

3.17 杨廷宝（左5）视察武夷
山时，与众人在武夷宫
前（来源：杨永生，刘叙
杰，林洙.建筑五宗师[M].
天津：百花文艺出版社，
2005：167）

3.18 杨廷宝考察武夷山时，在九曲溪畔速写（杨德安提供）

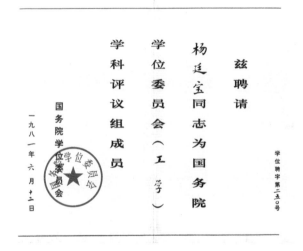

3.19 1981年6月国务院学位委员会聘书（杨士英
提供）

兹聘请

杨廷宝同志为国务院

学位委员会（工学）

学科评议组成员

国务院学位委员会

一九八一年六月十二日

学位聘字第二五〇号

3.20 1981年11月7日杨廷宝观看兰州市政规划（来源：《建
筑创作》杂志社.建筑中国六十年（事件卷）[M].天津：
天津大学出版社，2009：114.）

3.21 1982年杨廷宝教授在
　　系图书室（来源：江
　　苏省档案馆）

3.22 1982年杨廷宝教授在
　　图书室（周光九摄，
　　陈法青生前提供）

3.23 1982年杨廷宝教授在
　　建筑系期刊室（周光
　　九摄，陈法青生前提供）

杨廷宝全集·七——五、献身建筑教育

3.24 1982年杨廷宝教授在南京工
学院建筑系期刊室（朱家宝
摄，杨士英提供）

3.25 1982年杨廷宝教授在系期刊
室查阅资料（杨士英提供）

3.26 1982年杨廷宝教授在系图书
室备课（周光九摄，陈法青
生前提供）

3.27 杨廷宝教授在中山陵给建筑研究所师生讲课（李芳芳提供）

3.28 1982 年 1 月 6 日杨廷宝教授四登南京清凉山指
导风景区规划与建设（来源：江苏省档案馆）

3.29 1982 年 1 月 6 日杨廷宝登南京清凉山公园留影（来
源：江苏省档案馆提供）

3.30 1982 年 1 月 6 日杨廷宝教授（前右）巡察南京清
凉山公园扫叶楼（南京新华报业熊晓绚提供）

3.31 1982 年 1 月 6 日，杨廷宝（中）、杨德安（左）
四登南京清凉山实地考察公园规划建设（邝兴邦
摄，杨德安提供）

3.32 1982年4月杨廷宝和夫人陈
　　 法青重返阔别40多年的故里
　　 南阳。图为杨廷宝（右2）指
　　 导和审查南阳市城市建设总
　　 体规划（来源：南阳卧龙岗档
　　 案馆）

3.33 杨廷宝（左2）查阅南阳城市
　　 规划资料（来源：南阳卧龙岗
　　 档案馆）

3.34 杨廷宝（左）和南阳建委主
　　 任贾清奇在商讨工作（来源：
　　 南阳档案馆）

3.35 杨廷宝（左2）在审查南阳医
　　 圣祠总体规划（来源：南阳卧
　　 龙岗档案馆）

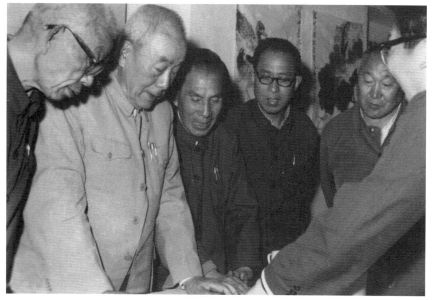

3.36 杨廷宝（左2）主持研究修
　　 复医圣祠方案（来源：南阳卧
　　 龙岗档案馆）

3.37 杨廷宝（右2）一行在医圣祠
　　 工地视察（来源：南阳卧龙岗
　　 档案馆）

3.38 杨廷宝（前排左4）一行
在医圣祠工地视察（来源：
南阳卧龙岗档案馆）

3.39 杨廷宝（左2）审查修复
医圣祠规划方案（来源：
南阳卧龙岗档案馆）

3.40 杨廷宝参观医圣祠（来源：
南阳卧龙岗档案馆）

3.41 杨廷宝（右1）参观医圣祠展览
（来源：南阳卧龙岗档案馆）

3.42 杨廷宝（右）为医圣祠题词（来源：
南阳卧龙岗档案馆）

3.43 杨廷宝（中）在医圣祠与有关人
员进行交谈（来源：南阳卧龙岗
档案馆）

3.44 杨廷宝在指导医圣祠的修
复重建方案（来源：南阳
卧龙岗档案馆）

3.45 杨廷宝（左3）与南阳市领导及张仲景医史文献馆工作人员在医圣祠前合影（来源：南阳卧龙岗档案馆）

3.46 杨廷宝（前排中）及夫人陈法青（前排左3）、小弟杨廷寘（前排右2）在卧龙岗参观汉画馆留影（来源：南阳卧龙岗档案馆）

3.47 杨廷宝（右）与建委主任在诸葛茅庐前合影（来源：南阳卧龙岗档案馆）

3.48 杨廷宝（左）与建委主任在研讨南阳市市政建设问题（来源：南阳卧龙岗档案馆）

3.49 杨廷宝在阅览南阳有关资料（来源：南阳卧龙岗档案馆）

3.50 杨廷宝参观博物馆出土文物展览（来源：南阳卧龙岗档案馆）

3.51 杨廷宝（前）参观卧龙岗琉璃照壁（来源：南阳卧龙岗档案馆）

3.52 杨廷宝（前排左1）参观社旗陕山会馆（来源：南阳卧龙岗档案馆）

3.53 1982年5月，杨廷宝（左4）在社旗春秋楼与南阳市有关领导合影（来源：南阳卧龙岗档案馆）

3.54 杨廷宝（右2）参馆社旗陕山会馆（来源：南阳卧龙岗档案馆）

3.56 1982 年 5 月，杨廷宝教授（左）在湖
　　北武当山题词（陈法青生前提供）

3.55 1982 年 5 月，杨廷宝教授（前排左 3）考察武当山风景区时
　　在武当山紫霄宫前（陈法青生前提供）

3.57 2009年9月，杨廷宝获"新中国成立以来江苏省十大杰出科技人物"荣誉称号
（杨士英提供）

六、活跃学术领域

中国建筑学会是建筑界全国性、专业学术性团体，是发展我国建筑科技事业的重要社会力量。自杨廷宝在 1953 年 10 月成立的中国建筑学会第一届理事会任副理事会长起，连续四届继任这一职位，并在 1980 年 10 月升任理事长。

在这近 30 年的学会工作中，杨廷宝积极开展各项工作和活动：主持诸如"变化中的乡村居住建设"等多项国际学术讨论会；出席诸如"北京科学讨论会"等全国性会议；参加上海"建筑艺术座谈会"等多个学会学术团体的会议或年会；组织"香港建筑图片展览"等多个国内或境外建筑展览；负责诸如"南京长江大桥桥头堡"等若干设计竞赛赛事评选工作；参与"山西省古建遗构"等全国各地的建筑考察活动；接待外国或境外多个建筑师代表团或个人来华、来大陆进行访问、参观，等等。总之，在建筑学术领域经常可以看到杨廷宝活跃的身影、不倦的奔走，为学会和建筑学术界做了许多有益工作。

可以说，杨廷宝在建筑界学术领域所做的工作，对于推动中国建筑学会团结广大建筑科技工作者，开展学术上的自由讨论，促进学术繁荣，弘扬中华传统建筑文化，面向经济建设、促进建筑科学技术发展和建筑科学技术人才的成长与提高，以及发挥学会与会员之间的桥梁与纽带作用做出了积极的贡献，在建筑界当之无愧地享有崇高的声誉。

1. 任职建筑学会

1.1 中国建筑学会第一届理事会成员合影，前排左3起董大酉、林克明、汪季琦、杨廷宝、周荣鑫、张稼夫、梁思成、吴有训、赵深，右2林徽因。中排左4起杨宽麟、黄家骅、左7徐中、张镈、左10汪定曾，右2吴良镛、右3贾震。后排左1起贝季眉、哈雄文、戴念慈（单踊提供）

1.2 中国建筑学会第二届理事会成员合影，前排右4起赵深、杨廷宝、周荣鑫、梁思成（来源：周畅，毛大庆，毛剑琴. 新中国著名建筑师毛梓尧 [M]. 北京：中国城市出版社，2014：照片插页2）

1.3 中国建筑学会第三次会员代表大会代表合影。前排左11起：赵深、梁思成、杨春茂、杨廷宝、林克明（来源：中国建筑学会资料室）

1.4 1961年12月中国建筑学会第三次会员代表大会主席团合影。前排左5起：赵深、梁思成、杨春茂、杨廷宝、林克明（来源：中国建筑学会资料室）

1.5 1961 年 12 月，杨廷宝副理事长
　　在中国建筑学会第三次会员代
　　表大会上讲话（来源：中国建筑
　　学会资料室）

1.6 1961 年 12 月，杨廷宝副理事长在中国建筑学会第三次会员代表大会上总
　　结（来源：中国建筑学会资料室）

1.7 中国建筑学会第三次会员代表大会会场（来源：中国建筑学会资料室）

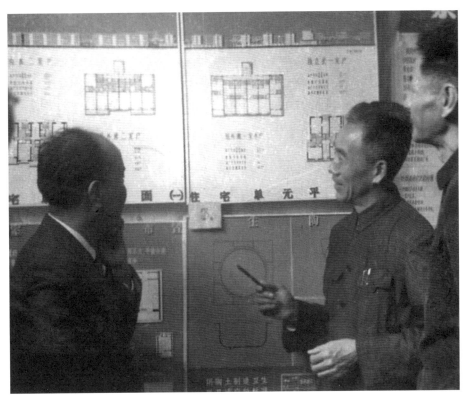

1.8 在中国建筑学会第三次会员代表大会期间，杨廷宝副理事长（右）与大会代
表参观住宅建筑图片展览（来源：中国建筑学会资料室）

1.9 杨廷宝副理事长（二排右13）与中国建筑学会第四次会员代表大会全体人员合影（来源：中国建筑学会资料室）

1.10 1966年3月，杨廷宝（右2）出席在延安举行的中国建筑学会第四次会员代
表大会并当选副理事长期间，参观毛主席窑洞（陈法青生前提供）

1.11 1978年10月，中国建筑学会建筑创作委员会南宁会议合影。前排左起：金瓯卜、袁镜身、张开济、林乐义、张镈、王华彬、谭垣、杨廷宝、林克明（来源：中国建筑学会资料室）

1.12 1978年12月杨廷宝副理事长（右）在南京接待来访的著名美籍华人建筑师贝聿铭先生（左）（陈法青生前提供）

1.13 1980年10月，在北京举行中国建筑学会第五次会员代表大会，杨廷宝当选为理事长（来源：中国建筑学会资料室）

1.14 1980年10月，杨廷宝理事长在中国建筑学会第五次会员代表大会上讲话（来源：中国建筑学会资料室）

1.15 1981 年 10 月下旬，中国建筑学会作为东道主，主持阿卡·汗建筑奖第六次国际学术讨论会，19 日杨廷宝理事长（前排左4）陪同谷牧副总理（左6）与阿卡·汗殿下（左5）、阿敏·汗王子（左7）以及建筑奖指导委员会成员合影（来源：中国建筑学会资料室）

1.16 1981 年 10 月杨廷宝理事长（右5）和国家基本建设委员会韩光主任（右7）同阿卡·汗殿下（右6）、阿敏·汗王子（右8）以及建筑奖指导委员会成员合影（来源：中国建筑学会资料室）

1.17 1981 年 11 月初，杨廷宝理事长出席在景德镇召开的中国建筑学会历史学术委员会年会合影（来源：中国建筑学会资料室）

1.18 1982年6月在北京举办"香港建筑图片展览"开幕式前，城乡建设环境保护部部长李锡铭（右1）、中国建筑学会理事长杨廷宝（右2）和中国建筑学会副理事长阎子祥（左1）接见时任香港建筑学会会长潘祖尧（左2）（来源：中国建筑学会资料室）

1.19 1982年6月，中国建筑学会在北京举办"香港建筑图片展览"时合影。右第3人起：阎子祥、戴念慈、杨廷宝、潘祖尧（香港建筑师学会主席）、金瓯卜（来源：中国建筑学会资料室）

1.20 1982年6月5日，杨廷宝理事长在"香港建筑图片展览"开幕式上致辞(来源：中国建筑学会资料室)

1.21 1982 年 6 月 5 日，杨廷宝理事长在"香港建筑图片展览"会开幕式上讲话（来源：中国建筑学会资料室）

1.22 1982 年 6 月 5 日，由中国建筑学会主办的"香港建筑图片展览"在北京开幕，城乡建设环境保护部部长李锡铭、杨廷宝理事长（右 1）为开幕式剪彩（来源：中国建筑学会资料室）

2. 参与学术交流

2.1 1959年5月，在上海参加"住宅建筑标准及建筑艺术座谈会"期间领导与专家的留影。前排左起：刘敦桢、梁思成、杨廷宝、刘秀峰；后排左起：杨春茂、王唐文、余森文、戴念慈（汪之力摄，中国建筑学会资料室提供）

2.2 1959年5月，杨廷宝在"上海住宅建筑标准及建筑艺术座谈会"上发言（来源：中国建筑学会资料室）

2.3 1959年5月，杨廷宝（右2）在"上海住宅建筑标准及建筑艺术座谈会"期间参加小组讨论，右1是刘敦桢教授（来源：中国建筑学会资料室）

杨廷宝全集·七——影志卷

2.4 1960年1月，中国建筑学会委派杨廷宝（左2）等六位建筑师专家组赴桂林参加指导桂林城市规划工作。图为在阳朔留影（王兰兰提供）

2.5 1960年1月，杨廷宝（右2）在桂林参加城市规划会议并在阳朔考察时与会者留影（陈法青生前提供）

2.6 1960年1月，杨廷宝在桂林参加城市规划会议并在阳朔考察（王秉忱摄，王兰兰提供）

2.7 20世纪60年代,杨廷宝(左3)参加某学术会议合影(陈法青生前提供)

2.8 1960年1月,杨廷宝(立者左7)在广州召开的中国土木工程建筑学会第
二次全国工作会时合影(来源:东南大学档案馆)

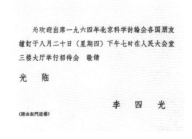

2.9 1964年8月20日,杨廷宝应时任中国科协主席李四光的邀请,收到出席北京科学讨论会开幕的招待会请柬(杨士英提供)

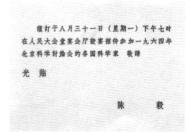

2.10 1964年8月31日,杨廷宝应时任国务院副总理陈毅的邀请,收到出席北京科学讨论会闭幕的宴会请柬(杨士英提供)

2.11 20 世纪 80 年代初，杨廷宝（前排左 5）在某次学术会议上与代表合影（陈法青生前提供）

2.12 20 世纪 80 年代初，在某次学术会议上五老合影，中为杨廷宝（陈法青生前提供）

2.13 1981 年 10 月 19 日，杨廷宝理事长在阿卡·汗建筑奖第六次国际学术讨论会开幕式上致辞（来源：中国建筑学会资料室）

2.14 1981 年 10 月，阿卡·汗建筑奖第六次国际学术讨论会"变化中的乡村居住建设"会场（来源：中国建筑学会资料室）

2.15 杨廷宝理事长与阿卡·汗先生在交谈（来源：东南大学建筑研究所.杨廷宝建筑言论选集 [M]. 北京：学术书刊出版社，1989：35.）

2.16 1981 年 10 月，在北京召开的"变化中的乡村居住建设"国际学术讨论会议上杨廷宝理事长（右 1）正在发言（来源：东南大学档案馆）

2.17 1981 年 10 月，杨廷宝（中）与巴基斯坦代表团长合影（来源：东南大学档案馆）

2.18 1981 年 10 月，杨廷宝（后排右 10）与阿卡·汗建筑奖第六次国际学术讨论会参会代表乌鲁木齐合影（王小东院士提供）

3. 深入实地考察

3.1 20世纪30年代，杨廷宝（左）调研北方民居（陈法青生前提供）

3.2 1935年杨廷宝在河南登封考察时，在嵩阳书院将军柏前留影（杨廷寊提供）

3.3 1936年杨廷宝发表的考察文章（来源：东南大学建筑学院中文图书室）

3.4 20 世纪 40 年代，杨廷宝执业出差途中，随时随地不忘写生记录所见所闻（杨士英提供）

3.5 20 世纪 50 年代，杨廷宝（前左 2）在一次考察途中休息（陈法青提供）

3.6 1954 年，杨廷宝在江苏太仓南园考察江南园林（来源：江苏省档案馆）

3.7　1959 年 5 月，杨廷宝（前）在上海建筑艺术座谈会期间考察市区建设（来源：中国建筑
　　学会资料室）

3.8　1959 年，杨廷宝（右 1）在上海建筑艺术座谈会期间参观考察市区建筑（杨士英提供）

3.9 1961 年，杨廷宝考察苏州
园林（来源：江苏省档案馆）

3.10 1961 年，杨廷宝考察无锡
时写生（来源：东南大学
档案馆）

3.11 1964年，杨廷宝教授（中）到南京江宁县淳化宋墅村北考察六朝无名望柱（来源：江苏省档案馆）

3.12 1964年，杨廷宝到南京江宁县考察刘家边六朝望柱（来源：江苏省档案馆）

3.13 1966年2月13日,杨廷宝(左3)参观上海文化会堂(杨士英提供)

3.14 1966年3月19日,杨廷宝参观陕西黄
陵黄帝庙(来源:江苏省档案馆)

3.15 20世纪70年代,杨廷宝重访1935年
他修缮的天坛祈年殿(杨士英提供)

3.16 1971 年，杨廷宝（左3）与童寯（左1）在扬州鉴真纪念堂工地上（来源：江苏省档案馆）

3.17 1971 年杨廷宝（左2）与童寯（左3）在梁思成设计的扬州鉴真纪念堂工地上（陈法青生前提供）

3.18 1971年，杨廷宝教授（前左2）、童寯教授（前右2）等在扬州瘦西湖（来源：江苏省档案馆）

3.19 1971年，杨廷宝教授（右5）
和童寯教授（右4）在扬州瘦西
湖白塔前合影（来源：江苏省档
案馆）

3.20 1973年4月，杨廷宝（二排左2）、童寯（二排右2）等带领青年教师考察安徽省采石太白楼（吴明伟提供）

3.21 1973年8月中旬，由中央文化部文物局组织的考察团赴山西省考察六个市县34处古建遗构。图为杨廷宝教授（后排左7）与考察团成员在五台山（来源：刘叙杰.脚印 履痕 足音.天津：天津大学出版社[M].2009：108.）

3.22 1973年8月中旬，文物局古建调查组在山西云冈考察。后排：左1莫宗江、左2陈明达、左4卢绳、左5杨廷宝、左7刘致平（来源：刘叙杰.脚印 履痕 足音[M].天津：天津大学出版社，2009：139.）

3.23 1973年8月中旬，杨廷宝教授在山西考察古
建筑时做现场记录（来源：江苏省档案馆）

3.24 1973年8月，杨廷宝在南禅寺考察（卢绳摄）

3.25 1974年，杨廷宝参观敦煌博物馆（来源：江苏省档案馆）

3.26 1974年，杨廷宝（左2）参观敦煌博物馆时同刘光华（右1）等人合影（来源：江苏省档案馆）

3.27 1975年，杨廷宝教授（左）与陈植（中）等视察山东泰山风景区，在岱庙前留影（来源：江苏省档案馆）

3.28 20世纪70年代，杨廷宝教授游览北京故宫（来源：江苏省档案馆）

3.29 20世纪70年代，杨廷宝在河南巩县宋陵考察（来源：江苏省档案馆）

3.30 1977年5月，杨廷宝在承德外八庙须弥福寿庙吉祥法喜殿前速写（杨士英提供）

3.31 1977年5月，杨廷宝（前左2）与齐康（前左4）、张锦秋（前左1）等在承德外八庙考察
（来源：江苏省档案馆）

3.32　1977 年 5 月 29 日，杨廷宝（二排右 8）率拟建"无产阶级革命家纪念馆"设计团队赴承德避暑山庄和外八庙考察中国建筑（一排右 4 张锦秋、右 6 梁鸿文、右 7 陈植、右 8 林乐义、二排左 2 齐康）（杨士英提供）

3.33　1977 年 5 月 29 日，杨廷宝（前排右 3）与陈植（前排右 4）等一行参观承德避暑山庄在须弥福寿庙合影（杨士英提供）

3.34　1977 年 5 月 29 日，杨廷宝（前排右 4）一行考察承德避暑山庄在须弥福寿庙合影（杨士英提供）

3.35 1977 年 5 月，正在承德避暑山庄考察
写生的杨廷宝（左 2）与陈植（右一）
在一起（杨士英提供）

3.36 杨廷宝在承德大佛寺参观（杨士英提供）

3.37 1977 年 5 月 30 日，杨廷宝赴承德考察在避暑山庄
文津阁前留影（杨士英提供）

3.38 1977年5月29日，杨廷宝（中）
与张锦秋（右）、梁鸿文在承德
避暑山庄考察时合影（陈法青生
前提供）

3.39 杨廷宝（中）与随行人员在承德避暑山庄文津阁
前留影（杨士英提供）

3.40 1977年5月，杨廷宝（左）在承德文津阁前（来
源：东南大学档案馆）

3.41 1978年6月12日，杨廷宝（右 2）与广州建筑设计院林克明（右 1）等人在苏州虎丘游览（来源：东南大学档案馆）

3.42 1978年杨廷宝（左）游览桂林（来源：江苏省档案馆）

3.43 1978 年 12 月 5 日，杨廷宝教授参观
广州农民运动讲习所时作画（来源：
东南大学纪念杨廷宝先生诞辰 100 周
年展）

3.44 1978 年 12 月，杨廷宝（右 3）、林乐义（右 2）、齐康（左 3）在广州（杨士英提供）

3.45 1978年，杨廷宝（左5）、
刘光华（左3）带领中
年教师黄伟康（左4）、
吴明伟（右3）、詹永
伟（右2）等在苏州考察，
摄于苏州南林饭店（黄
伟康提供）

3.46 1978年，杨廷宝（左5）、
刘光华（左3）、黄伟
康（左4）、吴明伟（右
2）、詹永伟（右1）等
中年教师在苏州考察，
摄于苏州南林饭店（黄
伟康提供）

3.47 1978 年，杨廷宝在苏州南林饭店（刘光华提供）

3.48 杨廷宝调研时的"画日记"（来源：东南大学档案馆）

3.49 1982年3月，杨廷宝（中）、
齐康（右）和吴科征在无锡锡
惠公园中的杜鹃园考察时留影
（来源：江苏省档案馆）

3.50 1982年3月杨廷宝（右4）、
齐康（右2）与无锡吴科征（右
3）、李正（右5）等在无锡
蠡园视察时合影（来源：江苏
省档案馆）

3.51 1982年3月，杨廷宝（右1）
与无锡市园林处总工程师李正
（右2）在蠡园考察途中休息
时交谈（来源：江苏省档案馆）

七、担当政务重任

　　杨廷宝是第一届至第五届全国人民代表大会的代表，并先后担任江苏省第四届政协副主席、江苏省副省长等重要职务。

　　他认真履行人民代表的职责，积极在全国人大会上提出议案。

　　他多次到省内各地考察工作，心系民生诉求，强调发展经济，重视环境保护，关注城市建设，为此，他虽年事已高，却壮心不已。

　　他经常出席、参加各类公共活动、重要会议，广泛接触各界人士、民众，了解社会民情，推动各项事业发展。

　　作为学者参政的杨廷宝，他尽责省政府分管工作，频繁迎送来宁访问的外宾，出席欢迎宴会，陪同外宾在南京各处参观，为增进中外友谊做了许多有益工作。

　　杨廷宝在担任南京工学院副院长期间，积极工作、狠抓教务和校园规划建设，为南京工学院的发展不辞辛苦工作至终。

1. 行人民代表使命

1.1 1954年9月，第一届全国人民代表第一次会议在北京怀仁堂开幕（新华社记者刘东鳌摄）

1.2 1954 年 9 月，杨廷宝（14 排座位右 1）在北京怀仁堂出席第一届全国人民代表大会（杨士英提供）

1.3 1954 年国庆节，杨廷宝在天安门观礼台上（杨士英提供）

1.4 1954 年 9 月，中华人民共和国第一届全国人民代表大会第一次会议秘书处致杨廷宝代表参会文件袋封面（来源：东南大学档案馆）

1.5 1955 年 12 月 19 日江苏省人民委员会发杨廷宝委员预审阅"为加速和超额完成国家第一个五年计划给予我省的任务而奋斗"报告草稿的通知（来源：东南大学档案馆）

楊廷宝代表

南京工学院

江蘇省南京市人民委員會緘

1.6 1956 年 1 月 21 日江苏省南京市第
一届人民代表大会第四次会议发杨
廷宝代表出席会议通知的信封（来
源：东南大学档案馆）

1.7 1975 年 1 月 18 日，出席第四届全国人民代表大会第一次会议江苏代表团全体成员合影。二排右 4 为
杨廷宝（来源：江苏省档案馆）

2. 竭诚省政府公务

2.1 1974 年 10 月 10 日，杨廷宝先生（四排右 4）出席作陪江苏省革委会副主任杨广立欢迎日中友协（正统）代表团访宁宴会并观看演出（来源：东南大学档案馆）

2.2 1974 年 10 月 11 日，对外友协江苏负责任人杨廷宝先生（右 5）陪同访宁的日中友协（正统）代表团拜谒廖仲恺、何香凝墓（来源：东南大学档案馆）

2.3 1974 年 10 月 11 日，对外友协江苏负责人杨廷宝先生（左 3）陪同日中友协（正统）代表团参观南京长江大桥后合影（来源：东南大学档案馆）

2.4 1974 年 10 月 11 日，对外友协江苏负责人杨廷宝先生（左 1）与日中友协（正统）代表团正副团长
在南京长江大桥合影（来源：东南大学档案馆）

2.5 1974 年 10 月 11 日，对外友协江苏负责人杨
廷宝先生（左 6）陪同宫崎世民副团长（左 5）
率领的日中友协（正统）代表团瞻仰孙中山陵
墓（来源：江苏省档案馆）

2.6 1974 年 10 月 11 日，对外友协江苏负责人杨
廷宝先生（前排左 2）陪同宫崎世民副团长
率领的日中友协（正统）代表团瞻仰孙中山
陵墓后返离（来源：东南大学档案馆）

七、担当政务重任

2.7　1974年10月15日，Jerome B Wirsher访华，杨廷宝教授（右2）同客人亲切交谈（来源：江苏省档案馆）

2.8　1977年7月8日，杨廷宝（三排左6）出席江苏省欢迎菲律宾总统女儿埃米·马科斯小姐（二排右6）率领的菲律宾青年社团联合会领导人代表团访宁宴会并观看演出（陈法青生前提供）

2.9 1978年初夏，杨廷宝爷爷在东南大学图书馆前给南京玄武区小红花艺术团小朋友讲解
毛主席纪念堂设计（陈法青生前提供）

2.10 1978年初夏，杨廷宝爷爷在东南大学图书馆前向玄武区小红花艺术团小朋友讲解毛
主席纪念堂方案设计后合影（杨士英提供）

2.11 1979 年 12 月 30 日，杨廷宝教授
当选江苏省人民政府副省长，图
为在江苏省政府办公室工作（来
源：东南大学档案馆）

2.12 1980 年杨廷宝副省长在省政府
办公室接待来访人员并亲切交谈
（来源：江苏省档案馆）

2.13 1980 年杨廷宝副省长在一次会议
上发言（来源：江苏省档案馆）

2.14 杨廷宝副省长在与来访者交谈中做记录（赵
　　 宇摄，杨士英提供）

2.15 20 世纪 80 年代，杨廷宝副省长（左 3）陪同惠浴宇省长（右 3）在扬州考察（来源：东南大学档案馆）

2.16 1978 年，杨廷宝教授
（右）正在同来访者亲
切交谈（来源：江苏省
档案馆）

2.17 1980 年杨廷宝（右）同
外国客人亲切交谈（来
源：江苏省档案馆）

2.18 1980 年杨廷宝（右）接
待外国客人参观南工建
筑系，并介绍南京长江
大桥桥头堡的设计（来
源：江苏省档案馆）

2.19 20 世纪 80 年代，杨廷宝副省长（右 9）陪同某外国友好代表团参观南京长江大桥（陈法青生前提供）

2.20 1980 年 7 月，杨廷宝副省长（左 5）陪同冰岛雷克雅未克市友好代表团游览东郊风景区灵谷寺（陈法青生前提供）

2.21 1981年4月11日，杨廷宝副省长（右）陪同瑞典首相费尔丁和夫人游览中山陵（来源：东南大学档案馆）

2.22 1981年6月1日，副省长杨廷宝爷爷出席南京"雨花台红领巾广场"动工仪式后，向少先队员们
　　介绍设计方案（南京新华报业熊晓绚提供）

3. 尽职副院长教务

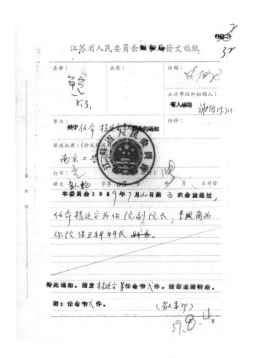

3.1 1959 年 7 月 20 日，江苏省人民委员会任命杨廷宝任南京工学院副院长职务的发文稿（来源：江苏省档案馆）

3.2 1972 年 8 月 14 日中共江苏省委关于杨廷宝任职南京工学院革命委员会副主任的批复（来源：东南大学档案馆）

3.3 杨廷宝（右 1）与南京工学院院领导（来源：东南大学档案馆）

八、蜚声国际建坛

国际建筑师协会是一个国际非政府组织，其宗旨是联合全世界的建筑师，建立起相互了解、交换学术思想和观点，在国际社会代表建筑行业，促进建筑和城市规划及建筑教育的发展，维护建筑师的权利和地位，促进建筑师及有关人员之间的国际交流活动。

1955年7月，中国建筑学会作为新中国第一个加入重要国际性组织的学术团体，在中华人民共和国成立初期遭受西方资本主义国家联合对我国进行封锁的历史背景下，成为新中国对外交往的重要窗口，也是扩大我国与外国文化交流的重要渠道。以杨廷宝为团长出席在荷兰海牙召开的国际建协第4次代表会议的中国建筑师代表团不辱使命，代表新中国昂首登上了国际舞台。从此，杨廷宝以他在国际建协活动中的勤奋工作，遇事沉着应对，为人谦虚谨慎，交友平易近人，以及个人的魅力和风度博得国际友人与同仁的尊敬和拥戴，为中国建筑师在国际建协多项活动中作出积极贡献，为中国在世界人民心目中赢得声誉。为此杨廷宝两次连任国际建协副主席。

与此同时，杨廷宝几乎每年都要奔波于国际航线上，穿梭于世界各国之间。他多次率团访问美国、苏联、英国、加拿大、日本、墨西哥、巴西、古巴、朝鲜等国，并多次参加各类国际学术专题论坛、国际建协执委会议，以及进行国外城市建设考察和参观活动。作为中国建筑学会副理事长、理事长，杨廷宝多次热情友好地接待国外或境外建筑师团队或个人来华、来大陆进行访问、参观活动。这些国际间的建筑师相互交往活动，不但使中国建筑师能够面向世界打开眼界，而且也让世界了解中国，为中国的进步与发展点赞。

1. 跻身国际建协

楊廷寶教授赴波蘭出席國際建築師會議

建築系系主任楊廷寶教授，受中央委派赴波蘭華沙出席國際建築師會議。二十七日建築系教師及近五十多位同學去楊先生家歡送。三年級班長徐白侖同學代表了全系同學祝賀楊老師身體健康，一路平安，並有同學代表向楊老師獻花。同學們都為着自己敬愛的老師能到光榮的國人民共和國際會議而感到光榮。

楊老師講話時，他囑咐同學們在暑假實習中要虛心向工人同志學習，遵守紀律，並聽從老師指導。在草坪上同學們合唱了「歌唱祖國」，自修時間到了，大家依依不捨地與敬愛的老師話別；建專一李明強同學臨走時還緊握了楊老師代表大家向波蘭人民致敬，請楊老師代表大家向波蘭人民致敬。

當日晚上，楊先生即啟程赴京，準備去波蘭參加會議。

（黃偉康）

1.1 1954 年，杨廷宝教授和汪季琦、佟铮三人赴波兰出席在华沙召开的国际建筑师及市政界人士集会，图为南京工学院院讯对此的报道（来源：东南大学档案馆）

1.2 1955年7月，杨廷宝率中国建筑师代表团赴荷兰海牙出席国际建协第4次代表会议时途经莫斯科留影。右3华揽洪，右4徐中，右5沈勃，左4戴念慈，左5杨廷宝，左6汪季琦，左7吴良镛（吴良镛提供）

1.3 1955年7月杨廷宝率团赴荷兰海牙出席国际建协第4次代表会议途经莫斯科时合影。右2华揽洪、右3戴念慈、右5吴良镛、左1徐中、左2汪季琦、立者右1杨廷宝（吴良镛提供）

1.4 1955 年 7 月，中国建筑师代表团出席在荷兰海牙举行的国际建协第 4 次代表会议途经莫斯科时，与苏联建筑师相聚合影。前排中戴念慈、右吴良镛；二排左 2 杨廷宝、左 4 华揽洪、左 5 汪季琦；三排左 2 徐中、右 3 沈勃（来源：张祖刚 . 当代中国建筑大师戴念慈 [M]. 北京：中国建筑工业出版社，2000：插页照片 3.）

1.5 1955 年 7 月 9—16 日，杨廷宝（中）等 8 人赴荷兰海牙出席国际建协第 4 次代表会议，会上接纳我国为国际建筑师协会的会员国（陈法青生前提供）

1.6 1955 年 7 月，杨廷宝（前排左 3）在荷兰海牙出席国际建协第 4 次代表会议期间与外国代表们合影。
    前排左 1 为吴良镛，左 2 为汪季琦，右 1 为戴念慈（来源：东南大学档案馆）

1.7 1955 年 7 月，杨廷宝（中）在荷兰海牙出席国际建协第 4 次代表会议期间和与会者合影（来源：东
    南大学档案馆）

1.8 1957年9月5—7日杨廷宝团长率中国建筑师代表团赴巴黎出席国际建协第5次代表会议，
并当选国际建协副主席。前排左起：殷海云、吴景祥、汪季琦、杨廷宝（来源：中国建筑学会，
《建筑学报》杂志社. 中国建筑学会60年[M]. 北京：中国建筑工业出版社，2013：29.）

1.9 1957年9月，杨廷宝（右3）在法国巴黎出席世界建筑师论坛会议（陈法青生前提供）

1.10 1957年9月，杨廷宝在法国巴黎出席国际建协第5次代表会议期间参观市容（来源：江苏省档案馆）

1.11 杨廷宝在法国出席国际建协第5次代表会议期间参观市容（陈法青生前提供）

1.12 1958年7月，杨廷宝（左1）出席莫斯科第5届世界建筑师代表大会期间，参加执委会会议。中为赫鲁晓夫（来源：江苏省档案馆）

1.13 1958年7月，杨廷宝（左2）在莫斯科参加国际建协执委会会议上（杨士英提供）

1.14 1958 年 7 月，杨廷宝（左 1）出席莫斯科第 5 届世界建筑师大会时，拿取会议资料（来源：江苏省档案馆）

1.15 1958 年 7 月，杨廷宝（左 3）在莫斯科参加国际建协执委会会议期间与部分执委委员在大街上（杨士英提供）

1.16 1958 年 8 月，在出席莫斯科第 5 届世界建筑师大会后，智利代表团来我国参观访问。图为杨廷宝（左）陪同智利代表团团长游览长城（来源：江苏省档案馆）

1.17 1960年9月,杨廷宝(右2)赴丹麦哥本哈根出席国际建协执行委员会会议抵达驻地时,
　　　受到国人接待(陈法青生前提供)

1.18 在驻地合影(来源:江苏省档案馆)

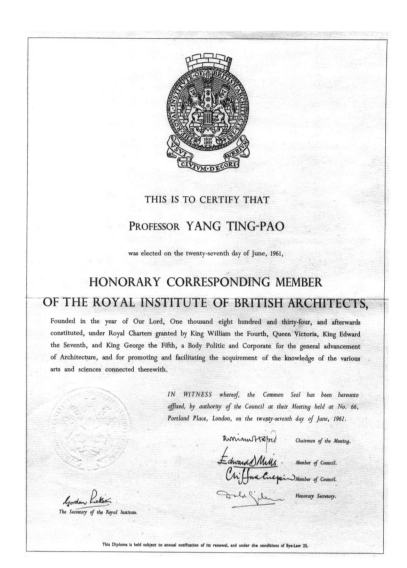

1.19 1961年6月29日—7月7日，杨廷宝在英国伦敦召开的第6届世界建筑师大会上，被授予英国皇家建筑师协会名誉会员称号（杨士英提供）

1.20 1961年6月29日—7月7日，杨廷宝率中国建筑师代表团（4人）参加伦敦国际建协第7次代表会议上，再度当选为国际建协副主席（来源：中国建筑学会资料室，黎志涛摄）

1.21 1961 年 6 月 29 日—7 月 7 日，杨廷宝赴英国伦敦出席第 6 届世界建筑师大会。
应英方要求，在国际建协刊物上发表了一篇文章、一幅水彩画和一张照片。图为
所拍的标准照（杨士英提供）

1.22 1961 年 7 月 17 日，杨廷宝在伦敦出席第 6 届世界建筑师大会和国际建协第 7 次代表会
议后瞻仰了马克思墓（杨士英提供）

1.23 1963年9月27日—10月4日，杨廷宝赴古巴哈瓦那出席世界建筑教授、学生会见大会和哈瓦拉第7届世界建筑师大会。图为在师生见面会上，古巴领导人卡斯特罗（左1）与杨廷宝（右4）及国际建协主席团成员到场祝贺（陈励先提供）

1.24 出席哈瓦那第7届世界建筑师大会和世界建筑教授、学生会见大会的中国建筑代表团部分团员在会场外合影。蹲者左1齐康、右2朱畅中；立者左3戴念慈、左8刘建章、左10杨廷宝、左11金瓯卜、右5陈励先、右2何玉如（陈励先提供）

1.25 1963年9月，团长刘建章（左2）、杨廷宝（左4）、梁思成（左3）、中国驻古巴大使申健（左1）与国际建协和古巴建协负责人会面（来源：中国建筑学会资料室）

1.26 中国建筑师代表团团长刘建章（右4）、杨廷宝（左1）等部分团员在建筑工地与古巴工人合影（陈励先提供）

1.27 1963年9月，杨廷宝在出席哈瓦那第7届世界建筑师大会开幕前，闲暇时逛花市（陈法青生前提供）

1.28 1963 年 10 月 9 日—12 日，杨廷宝从古巴飞赴墨西哥出席国际建协第 8 次代表会议和国际建协执行局会议。图为执行委员合影，前排右 3 为杨廷宝（陈法青生前提供）

1.29 1963 年 10 月 9 日—12 日，杨廷宝（前排右 4）率中国建筑师代表团（8 人）从古巴赴墨西哥出席国际建协第 8 次代表会议。前排右 2 为梁思成（杨士英提供）

1.30 1963 年 10 月，杨廷宝（右 2）与梁思成（右 4）在墨西哥出席国际建协第 8 次代表会议时用早餐（来源：江苏省档案馆）

1.31 1965年7月5日—10日，杨廷宝在法国巴黎国际建协第9次代表会议上（来源：江苏省档案馆）

八、蜚声国际建坛

1.32 1972年8月，杨廷宝率团（6人）赴保加利亚出席瓦尔纳第11届世界建筑师大会和国际建协第12次代表会议，同中国驻保加利亚大使赵禁合影。左3起戴念慈、袁镜身、赵禁、右2杨廷宝（来源：中国建筑学会，《建筑学报》杂志社.中国建筑学会60年[M].北京：中国建筑工业出版社，2013：48.）

1.33 1972年8月，杨廷宝（右3）率团出席在保加利亚索菲亚召开国际建协第12次代表会议的会场外与朝鲜代表团合影。左4为副团长袁镜身（袁镜身提供）

1.34 1972年8月，杨廷宝（右）与出席保加利亚国际建协第12次代表会议的袁镜身（左）同中国驻保加利亚大使赵禁合影（来源：东南大学档案馆）

1.35 1972年8月，杨廷宝教授
（左）与袁镜身在保加利
亚索菲亚国际建协第12次会
议会址留影（来源：东南
大学档案馆）

1.36 1972年8月，杨廷宝教授
（左2）与出席保加利亚
国际建协第12次代表会议
的部分成员在会址合影（来
源：东南大学档案馆）

1.37 杨廷宝教授（左2）与部分
代表团成员在保加利亚索
菲亚国际建协第12次会议
会址留影（来源：东南大学
档案馆）

1.38 1972年8月，杨廷宝教授（左1）
与其他代表团成员合影（来源：
东南大学档案馆）

1.39 1972年8月，杨廷宝教授（左）
与袁镜身在会址留影（来源：
东南大学档案馆）

1.40 1972年8月，杨廷宝教授出席
保加利亚国际建协第12次会议
时在住地留影（来源：江苏省档
案馆）

2. 出国友好访问

2.1 1944年3月，杨廷宝（左1）应邀参加国民政府资源委员会组团出访，途经印度赴美、加、英进行一年的工业建设考察。图为出国途中考察印度（来源：江苏省档案馆）

2.2 1944年3月，杨廷宝（左2）参加国民政府资源委员会组团出国考察美、加、英三国。图为途经印度作短暂考察（来源：东南大学档案馆）

2.3 1944年3月至1945年底，杨廷宝（右1）参加国民政府资源委员会组团出国访问美、加、英三国，图为代表团全体人员在美国时留影（陈法青生前提供）

杨廷宝全集·七 —— 八、蜚声国际建坛

291

2.4 1945年初访美期间，杨廷宝（右2）与美国老朋友会面（来源：江苏省档案馆）

2.5 1945年初，杨廷宝参加国民政府资源考察团在美国考察（杨士英提供）

2.6 1963年10月19日—11月5日，应巴西建协邀请，杨廷宝（左3）、梁思成（左2）率团（8人）
　　在结束墨西哥国际建协第8次代表会议后，飞往里约热内卢对巴西进行友好访问（陈法青生前提供）

2.7 杨廷宝（左3）与国际友人
　　交流（杨士英提供）

2.8 1963年10月杨廷宝（中）
　　在巴西访问时，与巴西朋友
　　热情交谈（杨士英提供）

2.9 1973年6月18日—7月18日，杨廷宝（左6）团长率中国工程技术代表团访日飞抵东京羽田机场。
　　左起：2 佟景钧、3 戴念慈、7 副团长李云洁、8 金瓯卜、10 许溶烈（许溶烈提供）

2.10 杨廷宝（前排左6）率中国建筑工程技术代表团一行与日本国际贸易促进协会和日本建设业团体
　　联合会成员合影（杨士英提供）

2.11 杨廷宝（右圈5）一行在日方欢迎晚宴上（许溶烈提供）

2.12 杨廷宝（右1）一行在宾馆电梯厅集合准备出发参观（许溶烈提供）

2.13 在参观大成设计公司的日方欢迎会上，左起：1 杨廷宝、2 李云洁、3 金瓯卜、4 佟景钧、5 许溶烈、
　　　6 翻译（许溶烈提供）

2.14 杨廷宝（左1）参观大成设计公司（许溶烈提供）

2.15 杨廷宝（右10）一行在大成设计公司听取日方介绍（许溶烈提供）

2.16 杨廷宝（左8）一行参观大成设计公司材料陈列馆（许溶烈提供）

2.17 杨廷宝（右3）等参观高层建筑模型（许溶烈提供）

2.18 杨廷宝（右2）一行在大成公司听取日方介绍（许溶烈提供）

2.19 杨廷宝（左6）一行参观高层建筑群的风洞试验模型（许溶烈提供）

2.20 杨廷宝（右2）一行参观高层建筑群模型（许溶烈提供）

2.21 参观建筑新技术前，中方翻译向日方介绍中方嘉宾。左起：1 许溶烈、2 戴念慈、3 金瓯卜、
　　4 杨廷宝、5 李云洁、6 翻译、7 佟景钧（许溶烈提供）

2.22 杨廷宝（前左 2）一行参观大型建筑设备（许溶烈提供）

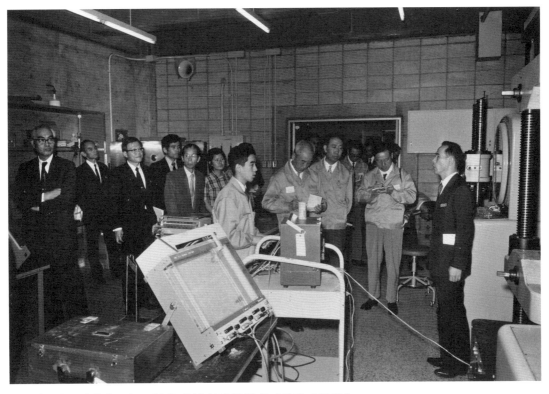

2.23 杨廷宝（前左2）一行参观精密建筑设备（许溶烈提供）

2.24 杨廷宝（右2）一行在听日方介绍（杨士英提供）

2.25 杨廷宝（中）一行参观工地（许溶烈提供）

2.26 杨廷宝（前左2）率团参观丰田汽车厂受到日方员工的欢迎（杨士英提供）

2.27 杨廷宝（右3）参观丰田汽车厂在体育馆前留影（杨士英提供）

2.28 杨廷宝（前右1）参观日本丰田汽车厂生活区（来源：江苏省档案馆）

2.29 杨廷宝（右排4）一行与日方交流（许溶烈提供）

2.30 杨廷宝（前）一行离开丰田汽车厂时，受到员工欢送（杨士英提供）

2.31 杨廷宝（左2）一行参观保温材料（许溶烈提供）

2.32 杨廷宝（前左3）一行参观建筑设备实验室（杨士英提供）

2.33 杨廷宝（右6）一行参观建筑新设备（许溶烈提供）

2.34 杨廷宝（右1）触摸建筑材料质感（杨士英提供）

2.35 杨廷宝听取日方介绍新型玻璃窗使用性能（杨士英提供）

2.36 杨廷宝（右2）参观餐厅家具新材料（杨士英提供）

2.37 杨廷宝（右2）参观室内装饰新材料（杨士英提供）

2.38 杨廷宝（中）一行参观竣工桥梁地下空间（许溶烈提供）

2.39 杨廷宝（右4）一行参观工地现场（许溶烈提供）

2.40 日方向杨廷宝（右）赠
送资料（杨士英提供）

2.41 杨廷宝（中）一行在奈良参观东大寺大佛殿（许溶烈提供）

2.42 杨廷宝（右3）一行在奈良东大寺大佛殿前留影（许溶烈提供）

2.43 杨廷宝（左3）一行在丹下健三（右3）陪同下参观东京代代木体育馆，右1戴念慈、右2金瓯卜、左1许溶烈（许溶烈提供）

2.44 1977年11月18日—12月22日，杨廷宝（前右）率中国高等教育代表团一行10人访问美国，美方接机（来源：东南大学档案馆）

2.45 杨廷宝（左5）一行参观某大学实验室（来源：江苏省档案馆）

2.46 杨廷宝（右2）一行参观某大学实验室（陈法青生前提供）

2.47 杨廷宝（中）一行参观某大学
实验室（来源：东南大学档案馆）

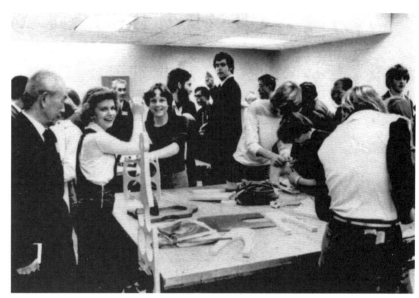

2.48 杨廷宝（左1）一行参观学生做
实验（来源：江苏省档案馆）

2.49 杨廷宝（左2）一行在某大学
实验室听教授介绍（来源：东
南大学档案馆）

2.50 杨廷宝（前左1）与美方教授进行教育讨论（来源：东南大学档案馆）

2.51 杨廷宝（右）与美国学生交谈（来源：东南大学档案馆）

2.52 杨廷宝教授（左）与美国教授切磋高等教育（来源：东南大学档案馆）

2.53 杨廷宝（前排左2）一行聆听美
　　 方学术交流（来源：东南大学档
　　 案馆）

2.54 杨廷宝（坐者前左1）一行听取
　　 美方学校有关情况介绍（来源：
　　 江苏省档案馆）

2.55 杨廷宝（右）团长与副团长合影
　　 （来源：江苏省档案馆）

2.56 杨廷宝（二排右2）与美国学者在校园合影（来源：东南大学档案馆）

2.57 杨廷宝（左3）一行访美期间出席美中友协欢迎会，左2为杨振宁（杨士英提供）

2.58 杨廷宝（二排右4）一行与美国学者在校园合影（来源：江苏省档案馆）

2.59 杨廷宝（二排中）与美籍华人在
宴会上合影（来源：东南大学档
案馆）

2.60 杨廷宝（前站者）与美籍华人在
宴会上（来源：东南大学档案馆）

2.61 杨廷宝（左1）与美籍华人在宴
会上（来源：东南大学档案馆）

2.62 1981年9月，杨廷宝（左5）率中国建筑师代表团访问朝鲜，有关部门在北京站送行。
　　左3为张镈（陈法青生前提供）

2.63 1981年9月，杨廷宝（左3）作为中国建筑学会理事长带团访问朝鲜，在平壤金日成广
　　场人民大学习堂前留影。右3为张镈（陈法青生前提供）

2.64 1981年9月，杨廷宝（左3）一行访问朝鲜（陈法青生前提供）

2.65 杨廷宝（左2）率中国建筑师代表团一行在朝鲜合影（来源：江苏省档案馆）

2.66 杨廷宝（中）一行在朝鲜参观（来源：江苏省档案馆）

2.67 杨廷宝（左3）一行在朝鲜板门店参观（来源：江苏省档案馆）

2.68 杨廷宝（右）参观平壤万景台金日成故居（陈法青生前提供）

　　杨廷宝一生温良恭俭让，与世无争，与人为善，因此朋友遍天下。而关系最亲近的要算与梁思成、童寯、刘敦桢他们三位。因为他们从年轻时认识起，就志同道合，情同手足，虽然性格不同，却能共事一生。可以说，中国建坛中的"四杰"彼此心心相印、肝胆相照。他们亲密无间，却群而不党；他们独树一帜，却从不文人相轻。他们与中国第一代建筑师们共同开创了中国现代建筑创作的先河，打开了用现代科学方法研究中国古代建筑的大门，也揭开了中国建筑教育的序幕。他们在艰难的探索中付出了毕生的精力，为中国的建筑事业和建筑教育的发展作出了不可磨灭的贡献。同时，他们在为共同事业的奋斗中所展现出来的高尚人品、敬业精神、深厚功底也是后人为之崇敬和仰慕的。

　　杨廷宝对于亦师亦友的志同道合者，不论是从早期开创中国建筑创作事业一路前行的同龄人，还是亲手培养出来，今已成为国家栋梁的行业名人，抑或为了繁荣中国的建筑创作从五湖四海走到一起的后起之秀，他都不以自己的权威、声誉而自傲，而是平等相处、彼此尊重、融洽共事。更为可贵的是作为誉满建筑界、建筑教育界的建筑大家，却淡泊名利而甘当人梯，竭力提携后学，使繁荣中国的建筑创作能继往开来，使人才培养能青出于蓝而胜于蓝。

1 刘敦桢（1897—1968）

2 童寯（1900—1983）

3 梁思成（1901—1972）

4 杨廷宝（1901—1982）

5 1924 年童寯（右 3）在清华读书时，继杨廷宝、梁思成之后也加入清华美术社（来源：清华大学校史馆）

6 1928 年在杨廷宝推荐下，梁思成回国即赴沈阳创办东北大学建筑工程系。右 1 梁思成、右 2 陈植、左 1 童寯（来源：赖德霖．中国近代建筑史研究．北京：清华大学出版社，2007：156）

7 1931年，童寯因"九·一八"事变东北大学解散而流亡关内，到上海加盟华盖建筑师事务所。1934年起，杨廷宝因业务关系常到上海，因而两人过从最密。几乎每周日见面，同游上海城镇的古迹名胜。图为杨廷宝（左）与童寯同游上海郊外途中小憩（童明提供）

8 1934年，杨廷宝与童寯同游江南小镇（童明提供）

9 1934年，杨廷宝与童寯游江南水乡（童寯摄，童明提供）

10 1934年，杨廷宝在上海出差期间与童寯经常在周末游玩上海古迹名胜后，到童寯家中歇闲用餐，成为常客（童明提供）

11 1931年秋，杨廷宝在北平偶然发现一张蓟县独乐寺照片当即告知梁思成，梁大喜
   随即改变正要行动的中国建筑史上第一次科学调查正定隆兴寺的原计划转赴蓟县，
   从而发现了当时中国最古老的木构建筑（来源：杨新. 中国古代建筑蓟县独乐寺 [M].
   北京：文物出版社，2007：392.）

12 梁思成与刘敦桢也因共同志向于1931年加入中国营造学社成为两位台柱，开始了
   长达11年艰苦卓绝的对中国古建筑进行野外考察和学术研究。图为1939年梁思
   成（左）与刘敦桢（右）考察乐山白崖山汉代崖墓（刘叙杰. 脚印 履痕 足音 [M].
   天津：天津大学出版社，2009：214.）

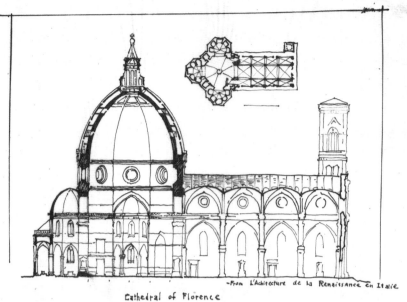

13 1947年7月，梁思成结束对美国教育考察和讲学后回国，途经上海与杨廷宝、陈植会面畅谈中，请求老同学帮助他克服在清华创办建筑系的困难，杨廷宝当即表示将他珍藏20多年的西方建筑史手绘作业赠予清华建筑系。图为其中的佛罗伦萨大教堂平剖面图（来源：清华大学建筑学院资料室。左川索取并提供）

14 1949年4月南京解放，梁思成邀请童寯到清华任教并推荐杨廷宝出任北京都市计划委员会副主任，均未果。从此，建坛四杰分别在清华、南工两校专心致志从事建筑教育，并使两校建筑系办学水平一直名列全国前茅。图为两校建筑学院门厅的四杰雕像（左：邓雪娴摄，右：黎志涛摄）

15 20世纪50年代杨廷宝（一排左1）主持刘敦桢学术报告会（来源：潘谷西．东南大学建筑系成立七十周年纪念专集 [M]．北京：中国建筑工业出版社，1997：23.）

16 20世纪60年代杨廷宝（右2）访问清华大学时与梁思成（左2）、汪坦（左1）在大礼堂前合影。右1为吴景祥（来源：东南大学档案馆）

17 1965年7月，杨廷宝（二排右1）在梁思成（二排右3）陪同下视察清华大学建筑系建六班左家庄毕业设计小组现场（来源：清华大学建筑学院资料室。左川索取并提供）

18 杨廷宝与梁思成在学术领域经常共同参加活动。图为1956年5月,杨廷宝(二排右2)与梁思成(一排右3)共同出席拟制"全国长期科学规划会议"(来源:中国建筑学会)

19 梁思成副理事长在中国建筑学会第三次代表大会上与杨廷宝副理事长相继做报告(来源:中国建筑学会资料室)

20 杨廷宝与童寯先后从宾大学成回国,分别在基泰与华盖建筑师事务所执业,过从最密。图为1948年杨廷宝(右)到上海华盖建筑师事务所做客(童明提供)

21 20世纪60年代，杨廷宝（右3）与童寯（右2）等同游安徽滁县琅琊山醉翁亭（童明提供）

22 20世纪60年代，杨廷宝（二排左2）和童寯（四排右2）与众人同游安徽滁县琅琊山醉翁亭（童明提供）

23　1971年杨廷宝（中）与童寯（右）在扬州瘦西湖（杨士英提供）

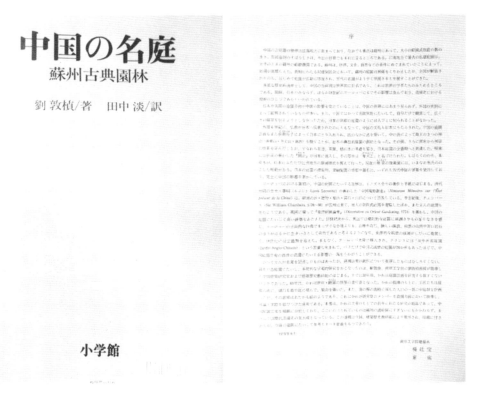

24　杨廷宝与童寯为刘敦桢著《苏州古典园林》日文版撰写序言，左：封面，右：序言
　（国家图书馆胡建平提供）

25 1981年，杨廷宝
（左）与童寯（右）
在家中愉快交谈
（童明提供）

26 1957年梁思成（右6）与刘敦桢（右4）访问波兰（来源：潘谷西．东南大学建筑系成立七十周年纪念
专集[M]．北京：中国建筑工业出版社，1997：24．）

27 生活中，四杰情同手足。图为梁思成的书房中，墙上挂着杨廷宝和林徽因的绘画作品（来源：梁思成著，林洙编．梁[M]．北京：中国青年出版社，2012：38.）

28 1954年春，杨廷宝（左1）与童寯（右1）同游苏州狮子林，右2为陈法青（刘光华摄并提供）

29 1954年春，杨廷宝（后左1）夫妇、童寯（后右1）、张镛森夫妇、刘光华夫妇同游苏州留园
（刘光华摄并提供）

30 1954年春，杨廷宝（右1）夫妇、童寯（右2）、张镛森（右4）夫妇、刘光华夫妇同游苏州虎丘
（刘光华摄并提供）

31 刘敦桢于1968年、梁思成于1972年、杨廷宝于1982年、童寯于1983年四杰相继驾鹤西去，一代巨星陨落。图为1979年12月22日，杨廷宝参加为刘敦桢的平反追悼大会（来源：刘叙杰.脚印 履痕 足音[M].天津：天津大学出版社，2009：40.）

32 杨廷宝在为刘敦桢的平反追悼大会上签到（来源：刘叙杰.脚印 履痕 足音[M].天津：天津大学出版社，2009：40.）

33 1981年，杨廷宝（左）和童寯（中）看望刘敦桢夫人陈敬（童明提供）

34 杨廷宝与赵深同在中国建筑学会第三、四两届副理事长任上共事17年（来源：中国建筑学会资料室）

35 杨廷宝（右）与刘光华（中央大学1940届毕业生，南京工学院教授）自重庆相识于中央大学至南京工学院，携手从教40余年（陈法青生前提供）

36 杨廷宝（左）与林克明（中国建筑学会第三、四届副理事长、广州建筑设计院院长）（来源：江苏省档案馆）

十、美满姻缘亲情

　　杨廷宝与陈法青的姻缘是他俩忠贞爱情、牵手一生的写照。从相见相识到一诺定情；从洞房花烛到儿孙满堂；从抗战逃难到重庆战火；从南京复员到安居乐业，这几十年杨廷宝与陈法青始终患难与共、荣乐同享。他们虽然性格相左，且一个主内，一个忙外，但却能彼此理解、相互支撑，并共同经营着家的港湾。特别是在杨廷宝、陈法青夫妇的言传身教和温馨家风的熏陶下，五个子女个个事业有成，造就了"一门两院士，满门教科才"，令人羡慕称赞的佳话。

1. 养育之恩

1.1 杨廷宝父亲一无功名利禄之心，二不钻营发财之道，他推崇康梁，志在强国富民。他投身辛亥，创办新学，是誉满南阳的开明士绅，对小廷宝教育有方，为其成才成功指引了人生之路（杨廷寘提供）

1.2 1931年5月8日，杨廷宝与父亲55岁生日合影（杨士英提供）

1.3 1946年冬，杨廷宝（右2）回老家为父亲过七十大寿。左1继母、左2父亲杨鹤汀、右1小弟杨廷寘（杨廷寘提供）

2. 儿孙满堂

2.1 杨廷宝婚后 12 天即赴天津基泰执业，为了有一个安定的家，陈法青（前左 2）随即迁居天津
（陈法青生前提供）

2.2 1934 年春，杨廷宝的 5 个孩子在天津相继出生，在给家庭带来快乐的同时，也带来生活的
困难和经济的压力，况且杨廷宝频繁出差在外而顾不了家。图为 1934 年杨廷宝偕夫人陈
法青与孩子们在一起（杨廷寘提供）

2.3 1935 年，杨廷宝承接修缮北平古建工作，全家由天津迁居北平。图为杨廷宝全家在北平合影（杨士英提供）

2.4 1935年，杨廷宝5个可爱的孩子（杨廷寘提供）

2.5 1937年9月，卢沟桥事变后，杨廷宝全家从北平逃回老家南阳。图为在武侯祠拍全家照。自右起：父杨鹤汀、
小儿杨士萱、大妹杨廷宜、大女儿杨士英、后母、二儿杨士芹、妻陈法青、大儿杨士莪、小弟杨廷寘、三妹
杨廷寓、二女儿杨士华（杨廷宝摄，杨廷寘提供）

2.6 1938年春节后，为躲避日机对南阳的轰炸，全家搬迁到内乡秦家寨山沟居住。搬家后，杨廷宝先应河南大学聘为外文教师，半年后只身赴重庆基泰工作。图为妻陈法青、继母及五子女（士英、士华、士莪、士芹、士萱）合影（杨廷宝摄，杨廷寊提供）

2.7 1940年，陈法青再次携儿女从南阳迁居重庆歌乐山又一次全家团聚。图为杨廷宝同他的孩子们在重庆歌乐山（来源：江苏省档案馆）

杨廷宝全集·七——影志卷

2.8 1946 年底，抗战胜利后全家从重庆回到南京，在刚建成的"成贤小筑"定居，从此结束了颠沛流离的生活。
   后排自左起士莪、廷寘、士英、士萱、廷宝、杨津（士芹）；前排左起士华、法青、廷寓（杨廷寘提供）

2.9 20 世纪 50 年代初，杨廷宝夫妇与大女儿士英和小儿子士萱在家中小院合影（杨士英提供）

2.10 1980 年杨廷宝夫妇与女儿杨士英及女婿、外孙女在一起（杨士英提供）

2.11　1980年杨廷宝全家福。二排左起：大儿媳谢爱梅、长女杨士英、杨廷宝、小孙女杨本玉、夫人陈法青、小
　　　儿媳姜惠芳、二女儿杨士华、二儿媳张永惠。三排左起：长子杨士莪、次子杨津（士芹）、大女婿林英藩、
　　　幺子杨士萱（杨士英提供）

3. 牵手一生

3.1 1927年春节后，杨廷宝学成归来，4月12日与陈法青在北平结婚（杨士英提供）

3.2 1927年春，新婚的杨廷宝
　　 与陈法青夫妇在北平仅度
　　 蜜月12天便只身赴天津基
　　 泰工程司上任（陈法青生前
　　 提供）

3.3 1936年杨廷宝家中舞剑（陈法青生前提供）

3.4　1947年4月12日结婚20周年纪念日。
　　　杨廷宝夫妇的标准照（杨士英提供）

3.5　1949年4月12日结婚22周年纪念日，杨廷宝
　　　同夫人在南京莫愁湖胜棋楼合影留念（来源：
　　　江苏省档案馆）

3.6　20世纪60年代，杨廷宝于南京成贤街家中
　　　（杨士英提供）

3.7 1970年，杨廷宝在家中小院留影（南京部队宣传部拍，东南大学档案馆提供）

3.8 20世纪70年代初，杨廷宝及夫人于成贤街家中书房窗前（杨士英提供）

3.9 20世纪70年代末，杨廷宝与夫人在家中小院（杨士英提供）

3.10 1979 年初杨廷宝于家中（杨士英提供）

3.11　1981 年，杨廷宝在家门口（杨士英提供）

3.12 1982年5月，杨廷宝夫妇（左2）在襄阳米公祠偶遇歌唱家胡松华（右1）和米
芾后代孙（杨廷寊提供）

3.13 1982年5月，杨廷宝（右）在武当山南崖宫前作画，左为陈法青（杨廷寘提供）

3.14 1982年5月，杨廷宝教授在武
当山写生（来源：江苏省档案馆）

3.15 1982年12月23日，一代宗师杨廷宝在南京与世长辞。29日在南京由江苏省
    政府隆重举行杨廷宝追悼大会（杨士英提供）

3.16 杨廷宝追悼大会现场（杨士英提供）

3.17 杨廷宝骨灰安葬于南京祖堂
　　山陵园（杨廷寊摄并提供）

3.18 杨廷宝、陈法青之墓（杨廷
　　寊摄并提供）

3.19 2006年2月23日，杨廷宝
　　的子女们到父母长眠之地扫
　　墓。右起：长女士英、次女
　　士华、长子士栽、次子杨津
　　（士芹）、幺子士萱（杨廷
　　寊提供）

附：杨廷宝年谱简编

1901 年

- 10 月 2 日（农历 8 月 20 日），生于河南南阳市东南郊赵营村。父，杨鹤汀（1877—1961），南阳著名士绅。毕业于北平法政学堂，致力教育救国，实业兴邦。先后创办南阳公学、南阳女中、开封织布厂、农林场等（中国人民政治协商会议南阳市委员会文史资料研究委员会.杨廷寅：记南阳杨氏家族.南阳文史资料第六辑人物春秋，1990：23.）。母，米家人氏（1880—1901），世代书画传家，远祖米芾为宋代四大书法家之一（刘向东，吴友松.广厦魂 [M].南京：江苏科学技术出版社，1986：5.）。生母因产褥热大出血当天离世，年仅 21 岁（中国人民政治协商会议南阳市委员会文史资料研究委员会.杨廷寅.记南阳杨氏家族.南阳文史资料第六辑人物春秋，1990：28.）。

1902—1906 年（0—5 岁）

- 自出生未得生母喂养，全靠好心村民奶大与祖母抚育。然而，自小体弱多病，发育迟缓，远不如同龄幼童壮实健康。（齐康记述.杨廷宝谈建筑 [M].北京：中国建筑工业出版社，1991：90.）

1907—1909 年（6—8 岁）

- 入家塾，因记忆力不佳，又恨背书，屡被挨板罚站，无奈辍学，在家临帖习画。（齐康记述.杨廷宝谈建筑 [M].北京：中国建筑工业出版社，1991：91.）

1910 年（9 岁）

- 入南阳市一所小学。（刘向东，吴友松.广厦魂 [M].南京：江苏科学技术出版社，1986：17.）

1911 年（10 岁）

● 10 月 10 日武昌起义爆发。

● 12 月，迫于南阳清政府残余势力企图对革命党人通缉血洗、满门抄斩，全家随父（南阳同盟会首领之一）星夜四散逃亡，再次辍学。（刘向东，吴友松.广厦魂 [M].南京：江苏科学技术出版社，1986：24.）

1912 年（11 岁）

● 2 月 19 日，南阳光复，父被任命为民国南阳首任知府、河南省参议会议员，随父凯旋重返故里。（刘向东，吴友松.广厦魂 [M].南京：江苏科学技术出版社，1986：25- 28.）

● 5 月，因反袁世凯窃国，父力辞知府拂袖而去，惹怒袁党，被下令通缉，不得已又第二次携家大逃亡。（刘向东，吴友松.广厦魂 [M].南京：江苏科学技术出版社，1986： 28.）

● 6 月，赴省城开封应考河南留学欧美预备学校，以备取生倒数第二名幸被录取，编入"丙班"。（齐康记述.杨廷宝谈建筑 [M].北京：中国建筑工业出版社，1991： 91.）

● 9 月，入河南留学欧美预备学校就读。（齐康记述.杨廷宝谈建筑 [M].北京：中国建筑工业出版社，1991：91.）

1913 年（12 岁）

● 以"丙班"第三名的优异成绩被并入"甲班"（齐康记述.杨廷宝谈建筑 [M].北京：中国建筑工业出版社，1991：92.），抛掉"备取班""差班生"的帽子。

1914 年（13 岁）

● 学业飞快长进，在高才生云集的"甲班"学习成绩跃升至第五名。（刘向东，吴友松.广厦魂 [M].南京：江苏科学技术出版社，1986：38.）

1915 年（14 岁）

● 春，由于河南留学欧美预备学校经济拮据，办学规模缩小，经学校推荐报考清华学校，并在规定豫籍应取七名学生中，以第一名被清华录取（齐康记述. 杨廷宝谈建筑 [M]. 北京：中国建筑工业出版社，1991：92.）。

● 9 月 13 日，清华学校开学典礼（清华《辛酉镜·班次》）因入学成绩优异，连跳两级直插中等科[1] 三年级（齐康记述. 杨廷宝谈建筑 [M]. 北京：中国建筑工业出版社，1991：94.），与早三年入学的闻多[2] 同班（辛酉班[3]）（闻黎明，侯菊坤. 闻一多年谱长编（上卷）[M]. 上海：上海交通大学出版社，2014：33.），为全年级年龄最小者。

1916 年（15 岁）

● 4 月 15 日，中三级会改组后，参加在十七号教室举行的第一次英文演说会。（《清华周刊》第 73 期，1916-4-19：19.）

● 6 月 3 日，在辛酉级级会上被选为《清华周刊》[4]图画员。（《清华周刊第二次临时增刊》，1916.6.17）

● 9 月 11 日，清华学校开学典礼。升入中等科四年级。（据《辛酉镜·班次》）

● 10 月 21 日，中四级会上举行分组辩论会，任乙团主席。（《清华周刊》第 84 期，1916.10.25：第 26 页）

● 11 月 4 日，中四级举行英文分团辩论，论题为"解决体育馆与图书馆孰为重要"，任乙团反方主辩手。（《清华周刊》第 86 期，1916.11.8：第 24 页）

● 11 月 29 日，中四级举行中文分团辩论会，题为"有名英雄较无名英雄对于中国关系更大"，任乙团正面主辩手，结果反面胜。（《清华周刊》第 89 期，1916.11.30：第 23 页）

---

1 1913 年 6 月 3 日，校令改高等科、中等科各为四年，恢复最初学制。
2 初名"亦多"，入清华改名单字"多"，"五四"运动后，又改为"一多"。闻一多（1899—1946），湖北蕲水（今浠水）县人，著名学者、新月派代表诗人、中国现代伟大的爱国民主战士。1912 年考入清华学校，1922 年 7 月赴美留学，先后在芝加哥美术学院、珂泉科罗拉多大学和纽约艺术学院学习。1925 年 5 月回国，任北平艺术专科学校教务长，后历任国立第四中山大学（1928 年更名"国立中央大学"）、武汉大学、青岛大学、清华大学、西南联大等教授。1946 年 7 月 15 日在昆明被国民党特务暗杀。
3 因该级高等科毕业为辛酉年（1921 年），故称"辛酉级"。
4 1914 年 4 月 24 日由学生创办的校内刊物。

- 12 月 7 日，与闻多担任《清华年报》[5]仅有的两名绘图副编辑。(《清华周刊》第 90 期，1916.12.7.)
- 12 月 10 日，上午参加中四级举行的演说会。(《清华周刊》第 92 期，1916.12.21：第 28 页)

1917 年（16 岁）

- 1 月 19 日，放寒假，校方规定学生皆留校。23 日放春节一天，29 日开学典礼。(《清华周刊》第 95 期，1917.2.8：第 19 页)
- 2 月，经校医检验肺部合格，参加校兵操军乐队，训练两月，每星期训练八小时。(《清华周刊》第 95 期，1917.2.8：第 24 页)
- 2 月 10 日，清华孔教会开会通过，任图画书记。(《清华周刊》第 96 期，1917.2.15：第 14 页)
- 3 月 17 日，中四级开会，分红白二组辩论。任白组英语辩论反面助辩手，辩题为"普通教育较人才教育为要"，结果获胜。(《清华周刊》第 101 期，1917.3.22：第 23 页)
- 3 月 31 日，中四级分红白团辩论，任白团英语辩论反方主辩手。辩题为"各国皆有强大军队，能否维持和平"。(《清华周刊》第 103 期，1917.4.5：第 26 页)
- 4 月 5 日，植树节，参加全校师生在校外小河两岸植树，并前往近春园对面修路。(《清华周刊》第 104 期，1917.4.12：第 18 页)
- 4 月 21 日，在校第三届拳术比赛大会上，获剑术比赛第二名。(《清华周刊》第 106 期，1917.4.26：第 24 页)
- 4 月 21 日，在辛酉级级会举行题为"今日中国科学家较文学家为要"的英语辩论会上担任正方助辩手，闻多为反方助辩手。(《清华周刊》第 106 期，1917.4.26.)
- 7 月 16 日，本校举行高四、中四级毕业典礼，完成中等科学业。(《清华周刊》临时增刊，1917 年夏."校闻"第 1 页)
- 9 月 10 日，清华学校开学典礼。升入高等科一年级。(闻黎明，侯菊坤.闻一多年谱长编（上卷）[M].上海：上海交通大学出版社，2014：58.)

---

5 中国高等学校中最早的周年出版物，全书用英文。

1918 年（17 岁）

● 2 月，在高一级会上选为会计和高等科法庭选举人。（《清华周刊》第 129 期，1918.2.21："校闻"第 3 页）

● 4 月 13 日，在大礼堂举行的拳术大会上，宣布各级拳术比赛中以杨廷宝为代表的高一级最优。（《清华周刊》，第 137 期，1918.4.18："校闻"第 2 页）

● 夏，获得 1917—1918 学年三育成绩奖。体育：技击第一。（《清华周刊》，第卯次临时增刊，1918.夏："记载"第 17 页）

● 9 月上旬，清华学校开学。升入高等科二年级。（闻黎明，侯菊坤.闻一多年谱长编(上卷）[M].上海：上海交通大学出版社，2014：65）

● 10 月，当选高二级拳术职员。（《清华周刊》，第 145 期，1918.10.10："校闻"第 10 页）

1919 年（18 岁）

● 3 月，任孔教会书记。（《清华周刊》第 163 期，1919.3.20："校闻"第 7 页）

● 4 月 25 日，在高二级英文演说比赛中演讲，题为"中国文化之价值"。（《清华周刊》第 168 期，1919.5.3："校闻"第 11 页）

● 春，与随班参观清华的陈法青[6]在工字厅门口擦肩而过，陈法青经郝超薰[7]指认暗中一见钟情。（陈法青.忆廷宝[M]//.广厦魂.南京：江苏科学技术出版社，1986：232）

● 9 月中旬，清华学校开学。升入高等科三年级。（闻黎明，侯菊坤.闻一多年谱长编(上卷)[M].上海：上海交通大学出版社，2014：86.）

● 是月，与闻多、方来等在教师斯达[8]女士支持下，发起组织美术社[9]。（《清华周刊本校十周年纪念号》，1921.4.28.）

---

6 北平女子师范学校学生，后来的妻子。

7 杨廷宝表姐，与陈法青同班。

8 毕业于美国俄亥俄州立威斯林大学，历任该州洛第高等学校教授，暨迪科他威斯林大学绘画教授。辛亥春来清华任绘画教务。

9 该社成立约两年多时间，其活动《清华周刊》有所介绍。《美术社》云："在一年前就有了美术社，不过没有成为一个正式的组织。去年九月，由杨廷宝、方来、闻多诸君发起组织正式的会，一方面读中外美术底书，一方面练习各种画，于是召集了会员二十余人，议定章程，开了成立会，恭请司达女士为教师。习画时间系定于每星期六上午，所习的画分铅笔、水彩、钢笔、炭油等类，此外兼习静物写生、花草写生、野外写生及想象插画等。至于所阅的书系由各人认定一门，就一门内专考求他的源流、变迁，及现在的情形。所阅的书，由司达女士指定，于每月常会时报告一次。各人所认定的题目，大半是中外古代织物图案、瓷器图案、塑像、金属图案以及美术史等类。所有应用

1920 年（19 岁）

- 6 月，任孔教会书记。（《清华周刊》第六次增刊，1920.6："孔教会"第 45 页）

- 6 月，任《清华学报》英文编辑。（《清华周刊》，第六次增刊，1920.6："清华学报"第 28 页）

- 初夏，经郝超薰牵线，默认与陈法青的恋爱关系。（陈法青.忆廷宝 [M].广厦魂.南京：江苏科学技术出版社，1986：233.）

- 9 月上旬，暑后开学，升入高等科四年级，这是清华旧制的最高年级，毕业后即可放洋。（闻黎明，侯菊坤.闻一多年谱长编（上卷）[M].上海：上海交通大学出版社，2014：98.）

- 9 月 18 日，"美术社自开学以来，开过三次会，讨论改良底计划"，"该社新旧社员共达五十余人，上星期六选举结果，书记闻多，会计兼干事吴泽霖，'斯条提欧'[10] 管理杨廷宝"。（《清华周刊》第 191 期，1920.9.24.）

- 12 月 1 日，上星期闻一多与浦薛凤、梁思成"曾发起一研究文学、音乐及各种具形艺术底团体"，起名美司斯（The Muses）[11]。是晚，"会友十四人集会，选杨廷宝、方来、

各书籍，由图书管理员置于特别贮器书架。以上是内部组织的情形，及进行的方针。下面是关于会外的练习及演讲二种。在去年寒假内，曾设有特别清寒画室，无论何时会员均可随意练习，寒假完了，此室亦取消。自此室取消后，会员鉴于平时练习时间太少，于是设一个永远的画室。水彩、铅笔及钢笔等画，均置于该室内，其一切置否，都由杨君廷宝管理。除每星期六正课外，每月常会一次。会序有报告、演讲，等等。报告系由会员将平日所看的美术书或详细调查，向大家报告。演讲议程，不必每次都有，不过间一次或二次，由斯达女士演讲欧洲美术史、太西塑像美术等类，并佐以幻灯片指示一切。"（《清华周刊第六次临时增刊》，1920.6）

10 即 "studio"。

11 音义各半，盖本于希腊神话中所谓司理文学和艺术之九位女神（The Nine Muses）。"美司斯"宣言："我们深信人类底进化是由物质至于精神，即由量进于质的。生命底量之多不过百年，他的质却可以无限度地往高深纯美底境域发展。生命底艺化便是生命达到高深醇美底鹄的底唯一方法。我们深信社会底生命这样僵枯，他的精神这样困倦，不是科学不发达实是艺术不发达底结果，所以断定我们若要求绝对的生活底满足非乞援于艺术不可。我们又深信艺术底研究包括高超的精神底修养，精深的学理底考究，同苦励的技能底练习。前两样是艺术底灵魂，后一样是他的形体。有形体无灵魂当然不能成艺术。我们因此觉悟了我们向在各种练习艺术的组织里学习一点音乐、图画或文学的技能那决不能算研究艺术。那样研究的艺术只可以作投时髦、供消遣、饰风流底用，那样研究艺术的确是社会底赘疣，生活的蟊贼。我们既觉悟了从前的谬误，决定从今以后要于艺术底原理加以精细的剖析，于他的精神加以深邃的体会，使一面我们的技能得着正确的南针，一面我们的生命被这纯美的陶化。质言之，我们既相信艺术能够抬高、加深、养醇、变美我们的生命底质料，我们就要实行探搜'此中三昧'，并用我们自己的生命名做试验品。我们更希望同学们都觉得他们的生命底僵枯、精神的困倦，也各各试向艺术讨点慰籍同快乐，我们敢保他们不致失望。我们并且极愿尽我们的绵力帮助他们。我们还要申明'美司斯'同现在校中各种练习艺术的组织（如美术社、铜乐队、唱歌团、国声社等）没有冲突，我们研究他们练习实在彼此有'唇亡齿寒'底关系。一九二零年十二月十日"（《清华周刊》，第 202 期，1920.12.10，第 20 页。注：文中多处出现的"底"字，用在作定语的词或短语后面，表示对中心语的领属关系（多见于"五四"时期至 20 世纪 30 年代的白话文著作）。

梁思成、浦薛凤、闻一多五人为章程起草委员"。（《研究艺术的新团体出现》，《清华周刊》第 201 期，1920.12.3：23.）

1921 年（20 岁）

● 3 月 4 日，"高四级已举定闻一多、方来、杨廷宝、董大西、浦薛凤五君，讨论该级级针、级旗及纪念物之样式"。（《校闻》，《清华周刊》第 210 期，1921.3.4：35.）

● 3 月，继任孔教会书记。（《清华周刊》，第 211 期，1921.3.11：第 25 页）

● 3 月 15—22 日，"即将毕业的辛酉级同学进行体育考试。"（《体育部》，《清华周刊》第 213 期，1921.3.25）体育考试是清华学生出国前必须通过的项目，凡不及格者不能放洋。（闻黎明，侯菊坤.闻一多年谱长编（上卷）[M].上海：上海交通大学出版社，2014：119.）

● 5 月 1 日上午九时，于清华十周年纪念活动上，在高四级会所参加技击部武技展演，表演"空手拨双刀""勉山刀""双刀擒枪"等三项武技。（《清华周刊》，第 219 期，1921.5.13：39.）

● 5 月 4 日，在填报赴美留学所学专科志愿中，决定填上建筑学。（闻黎明，侯菊坤.闻一多年谱长编（上卷）[M].上海：上海交通大学出版社，2014：126.）

● 夏，与陈法青订婚，并在陈家第一次正式见面。第二天应邀赴家宴饯别。（陈法青.忆廷宝 [M].广厦魂.南京：江苏科学技术出版社，1986：233.）

● 7 月，离开北平回南阳老家，为出国留学做准备，并与父老乡亲告别。（陈法青.忆廷宝 [M].广厦魂.南京：江苏科学技术出版社，1986：233.）

● 8 月，以速写《清华八景》刊登在《清华十周年（1911—1921）》刊物上，表达毕业赴美前夕对母校的无限深情和对师友的无限眷恋。（《清华十周年（1911—1921）》）

● 8 月 12 日，乘"中国号"客轮从上海经日本赴美国费城宾夕法尼亚大学。（《校闻》，《清华周刊》第 210 期，1921.3.4：第 35 页）

● 9 月 26 日，入学美国宾夕法尼亚大学建筑系（杨廷宝宾大成绩单记载.宾夕法尼亚大学艺术学院档案馆）。初始与赵深[12]同租三十八街 226 号一位美国老妇家里（赵深两年

---

12 赵深（1898—1978），1911 年考入清华学堂，1920 年入宾大建筑系，1922 年获学士学位。1926 年秋至 1927 年春与杨廷宝结伴游学西欧考察建筑后于 1927 年春回到上海。1930 年与陈植合伙创办赵深陈植建筑师事务所，1931 年冬童寯加入，于 1932 年改称华盖建筑师事务所，至 1952 年停止业务。中华人民共和国成立后，他先后在北京工业建筑设计院和华东建筑设计院任总工程师、副院长兼总建筑师。

后离开，住进陈植[13]。1926年梁思成[14]搬入。）（刘向东，吴友松.广厦魂[M].南京：江苏科学技术出版社，1986：69）并与后来成为现代主义后期的建筑大师路易·康[15]（L·Kahn）同班（杨士萱[16]发给主编的邮件.2011.12.23.）。

1922年（21岁）

● 一年级，学基础课、德文、人体写生、水彩、透视等及建筑设计主课。（齐康记述.杨廷宝谈建筑[M].北京：中国建筑工业出版社，1991：95.）

1923年（22岁）

● 每学期的假期有2～3个月，曾到宾夕法尼亚艺术学院夏令学校（Pensylvania Academy of Fine Arts Summer School at Chester Spring）学习雕刻。（齐康记述.杨廷宝谈建筑.北京：中国建筑工业出版社，1991：96.）

● 6月20日，获塞缪尔·哈克尔Jr·建筑奖（第二名）（Samuel Huckel Jr.Architectural Prize），奖金40美元。（杨廷宝宾大成绩单记载.宾夕法尼亚大学艺术学院档案馆）

● 7月，"市场设计"方案获全美大学生设计竞赛最高奖——市政艺术协会奖（Municipal Art Society Prize Competition）（齐康记述.杨廷宝谈建筑[M].北京：中国建筑工业出版社，1991：96.）

● 加入费城中国同学会。（宾大年鉴）

---

13 陈植（1902—2002），1923年留学美国宾大建筑系，1928年获硕士学位。1929年始任教东北大学建筑系，1931年与赵深合办建筑师事务所（后童寯加入）。中华人民共和国成立后任上海市规划建筑管理局副局长、上海市民用建筑设计院院长。

14 梁思成（1901—1972），出生于日本东京，11岁时回到北平。1915年考入清华学校，1924年赴美入宾夕法尼亚大学建筑系，1927年获硕士学位。1928年回国创办东北大学建筑系，任教授、系主任。1931年参加中国营造学社，任法式部主任，专门从事中国古建筑研究。直至抗战胜利后回到清华大学创办建筑系，任教授、系主任，直至逝世。1948年当选中央研究院院士，1955年当选中国科学院院士。

15 路易·康（1901—1974），1924年毕业于宾夕法尼亚大学建筑系，1947年个人开业。20世纪50年代起，执教于宾夕法尼亚大学建筑系和耶鲁大学的建筑学硕士研究班，后成为现代主义后期建筑大师。

16 杨士萱（1933—）生于天津，杨廷宝幺子。1960年毕业于清华大学建筑系。曾在北京市建筑设计院从事建筑设计，后到美国在贝聿铭建筑师事务所工作。

1924 年（23 岁）

- "花了二年半的时间完成了四年的学业"。（齐康记述.杨廷宝谈建筑 [M].北京：中国建筑工业出版社，1991：96.）

- 2 月 16 日，由院长 W·P·Laird(赖尔德) 颁发建筑学士学位。（杨廷宝宾大成绩单记载.宾夕法尼亚大学艺术学院档案馆）翌年又在该校进修。（杨廷宝.我的简历——致英国皇家建筑师协会麦克埃文先生的一封信.1960.11.24.）

- 被选入 Sigma Xi（建筑荣誉团体 Architectural Honor Society）。（杨廷宝宾大成绩单记载.宾夕法尼亚大学艺术学院档案馆）

- 三次获得纽约"美国鲍扎建筑师协会"（Beaux Arts）奖。（刘怡，黎志涛.中国当代杰出的建筑师 建筑教育家杨廷宝.北京：中国建筑工业出版社，2006：15.）

- 获"艾默生奖"竞赛一等奖。（齐康记述.杨廷宝谈建筑 [M].北京：中国建筑工业出版社，1991：96.）

1925 年（24 岁）

- 任费城中国同学会主席。（宾大年鉴）

- 获 1924—1925 年 Warren 奖。（杨廷宝宾大成绩单记载.宾夕法尼亚大学艺术学院档案馆）

- 2 月 9 日，在费城《晚报》上，以"中国学生获得上佳荣誉"为题被报道。（宾夕法尼亚大学艺术学院档案馆.）

- 2 月 14 日，获硕士学位。（杨廷宝宾大成绩单记载.宾夕法尼亚大学艺术学院档案馆）

- 毕业后，进入导师保尔·克瑞（Paul Philippe Cret）建筑师事务所实习。参与底特律艺术学院、富兰克林大桥桥头堡、罗丹艺术馆展览大厅、亨利大桥、港务局办公楼细部等项目的设计工作。（杨士萱.杨廷宝的足迹——杨廷宝早期在美参加设计的几项工程 [J].世界建筑，1987，2：8.）

1926 年（25 岁）

- 5 月，费城在举办世博会的此前建造中，受邀与陈植、梁思成和林徽因共同担任中国馆为表现中国建筑及艺术具有特色意蕴的装饰设计。（中华教育改进社通信．郭秉文报告费城博览会中国教育展览情形．《民国日报》，1926 年 10 月 24 日第 4 版）

● 夏，留美回国前，专程到俄亥俄州乡村探望在清华读书时的美术老师斯达女士。（齐康记述．杨廷宝谈建筑 [M]．北京：中国建筑工业出版社，1991：102．）

● 秋，结束在 P·克瑞建筑师事务所的工作回国。（刘向东，吴友松．广厦魂 [M]．南京：江苏科学技术出版社，1986：78．）

● 是年秋至翌年春，在回国途中与赵深、孙熙明夫妇结伴游学西欧，先后考察了英、法、比、德、意、瑞士等国西方古典建筑，并画了许多素描和水彩画（黎志涛．杨廷宝．北京：中国建筑工业出版社，2012：40．）。后经埃及、新西兰、新加坡返国（杨廷宝出国清单手迹）。

1927 年（26 岁）

● 春节后，学成归来。陈法青、郝超薰到天津接船，旋即返回北京。（陈法青．忆廷宝 [M]．广厦魂．南京：江苏科学技术出版社，1986：236．）

● 4 月 12 日，与陈法青举行婚礼。（陈法青．忆廷宝 [M]．广厦魂．南京：江苏科学技术出版社，1986：236．）

● 4 月 25 日，应关颂声 [17] 邀请，新婚 12 天后即赴天津基泰工程司 [18] 开始执业生涯（陈法青．忆廷宝 [M]// 广厦魂．南京：江苏科学技术出版社，1986：236．）。并成为后来的基泰工程司五位高级合伙人（关颂声、朱彬 [19]、杨廷宝、杨宽麟 [20]、关颂坚 [21]）第三号人物（刘怡，黎志涛．中国当代杰出的建筑师 建筑教育家杨廷宝．北京：中国建筑工业出版社，2006：

17 关颂声（1892—1960），1917 年毕业于美国麻省理工学院，获学士学位，后又在哈佛大学攻读市政管理一年。曾与宋子文、宋美龄同学，交往甚密。1919 年回国任天津警察厅工程顾问，1920 年创办天津基泰工程司，1949 年去台湾续办基泰，并任台湾建筑师公会理事长。

18 基泰工程司，1920 年创办于天津，1927 年后其总部迁至南京，并在天津、北平、上海、重庆、成都、昆明、香港设分所，是我国北方建立最早、后来发展成为全国规模最大的一家建筑师事务所。中华人民共和国成立前夕迁往台湾。

19 朱彬（1896—1971），1918 年毕业于清华学校。1922 年获宾大建筑学学士学位，1923 年获硕士学位。回国后先后任天津警察厅工程顾问、天津特别一区工程师等，1924 年任基泰工程司建筑工程师。1949 年后，先去香港后去了美国。

20 杨宽麟（1891—1971），1919 年圣约翰大学毕业，后获美国密歇根大学土木工程学学士、硕士。回国后，主要从事建筑结构设计及工程教育事业。历任约翰大学土木工程学院主任，北京市建筑设计院结构总工程师，中国建筑学会第一、二届理事会理事，中国土木工程学会副理事长。

21 关颂坚（1900—1972），关颂声五弟。在南开中学就读时与周恩来是同班同学。清华津贴生，1925 年毕业于美国西储大学，获建筑学学士学位。在美国见习工程师一年多后，回国即加入天津基泰，主要负责对外交际，极少过问设计。关颂声到南京、上海拓展业务后，关颂坚主持天津基泰的业务。中华人民共和国成立后，任天津市建筑设计公司总建筑师。

37）。随即接手天津日租界上的中原公司（朱彬设计）参与修改设计和技术管理。（刘向东，吴友松 . 广厦魂 [M]. 南京：江苏科学技术出版社，1986：91.）

• 5 月，陈法青举家迁居天津。（陈法青 . 忆廷宝 [M]. 广厦魂 . 南京：江苏科学技术出版社，1986：236.）

• 6 月，主持设计回国第一项工程——沈阳京奉铁路辽宁总站，是当时国内由中国建筑师自己设计建造的最大的火车站。（南京工学院建筑研究所 . 杨廷宝建筑设计作品集 [M]. 北京：中国建筑工业出版社，1983：11.）

• 在宾大学习期间，两个获奖设计作品（市场设计、火葬场设计）录入哈伯森著《建筑设计习作》教科书。（刘向东，吴友松 . 广厦魂 [M]. 南京：江苏科学技术出版社，1986：第 75 页）

• 10 月 17—22 日，在上海中国科学艺术联合会（China Society of Science and Arts）举办素描展。（赖德霖主编 . 近代哲匠录——中国近代重要建筑师、建筑事务所名录 [M]. 北京：中国水利水电出版社、知识产权出版社，2006：171.）

• 主持设计天津基泰大楼。（南京工学院建筑研究所 . 杨廷宝建筑设计作品集 [M]. 北京：中国建筑工业出版社，1983：13.）

1928 年（27 岁）

• 主持设计天津中原里中原公司的宿舍及配套建筑。（武玉华 . 天津基泰工程司与华北基泰工程司研究 [D]. 天津：天津大学 .）

• 主持设计天津中国银行货栈（南京工学院建筑研究所 . 杨廷宝建筑设计作品集 [M]. 北京：中国建筑工业出版社，1983：15.）

• 5 月 7 日，拜见梁启超先生，言荐梁思成赴沈阳东北大学合办建筑系事宜。梁启超回信梁思成，1928 年 6 月 9 日，梁思成在学成回国赴欧途中发报电询问梁父在清华大学将教什么课？提及此事。

• 8 月，主持设计东北大学汉卿体育场、法学院和文学院教学楼。（南京工学院建筑研究所 . 杨廷宝建筑设计作品集 [M]. 北京：中国建筑工业出版社，1983：21、22、24.）

• 11 月，主持设计张学良将军创办的沈阳同泽女中。（南京工学院建筑研究所 . 杨廷宝建筑设计作品集 [M]. 北京：中国建筑工业出版社，1983：25.）

1929 年（28 岁）

- 主持设计东北大学总体规划及其图书馆、学生宿舍。（南京工学院建筑研究所.杨廷宝建筑设计作品集 [M]. 北京：中国建筑工业出版社，1983：17.）
- 主持设计国立清华大学生物馆。（南京工学院建筑研究所.杨廷宝建筑设计作品集 [M]. 北京：中国建筑工业出版社，1983：30.）
- 参加北平国立图书馆国际设计竞赛获三等奖。（张镈.我的建筑创作道路 [M].天津：天津大学出版社，2011：23.）
- 6 月 12 日，长女杨士英在天津出生。（杨士英口述）

1930 年（29 岁）

- 主持设计东北大学化学馆、体育馆（未建）。（南京工学院建筑研究所.杨廷宝建筑设计作品集 [M]. 北京：中国建筑工业出版社，1983：23、24.）
- 主持设计国立清华大学总体规划及气象台、图书馆扩建、学生宿舍（明斋）。（南京工学院建筑研究所.杨廷宝建筑设计作品集 [M]. 北京：中国建筑工业出版社，1983：29-39）
- 首次以竞标方式获沈阳少帅府工程设计项目。（韩冬青，张彤.杨廷宝建筑设计作品选 [M]. 北京：中国建筑工业出版社，2001：23）
- 主持设计北平交通银行。（南京工学院建筑研究所.杨廷宝建筑设计作品集 [M].北京:中国建筑工业出版社，1983：40）
- 主持设计南京中山陵邵家坡新村合作社（已毁）。（南京工学院建筑研究所.杨廷宝建筑设计作品集 [M]. 北京：中国建筑工业出版社，1983：45）
- 主持设计中央体育场规划。（南京工学院建筑研究所.杨廷宝建筑设计作品集 [M].北京：中国建筑工业出版社，1983：46）
- 6 月，加入中国建筑师学会（介绍人：刘敦桢、卢树森）。（赖德霖主编.近代哲匠录——中国近代重要建筑师、建筑事务所名录 [M].北京：中国水利水电出版社、知识产权出版社，2006：171）
- 次女杨士华在天津出生。（杨士英口述）

1931年（30岁）

- 5月8日，回南阳为父亲55岁生日祝寿，并拍照留念。（杨士英提供照片记录）
- 主持设计中央体育场之田径赛场、游泳池、篮球场、国术场、棒球场。（南京工学院建筑研究所.杨廷宝建筑设计作品集 [M].北京：中国建筑工业出版社，1983：46-53）
- 主持设计国立紫金山天文台台本部。（南京工学院建筑研究所.杨廷宝建筑设计作品集 [M].北京：中国建筑工业出版社，1983：54）
- 主持设计中央医院。（南京工学院建筑研究所.杨廷宝建筑设计作品集 [M].北京：中国建筑工业出版社，1983：58）
- 主持设计国民政府外交部办公楼方案设计。（南京工学院建筑研究所.杨廷宝建筑设计作品集 [M].北京：中国建筑工业出版社，1983：63）
- 主持设计南京中山陵谭延闿[22]墓。（南京工学院建筑研究所.杨廷宝建筑设计作品集 [M].北京：中国建筑工业出版社，1983：67.）
- 秋，向梁思成提供在北平鼓楼偶然发现蓟县独乐寺展览照片的信息。（窦忠如.梁思成传 [M].天津：百花文艺出版社，2001：92）
- 8月9日，长子杨士莪在天津出生。（《清华校友通讯》复71辑：第82页）

1932年（31岁）

- 主持设计中央研究院地质研究所。（南京工学院建筑研究所.杨廷宝建筑设计作品集 [M].北京：中国建筑工业出版社，1983：75.）
- 主持设计南京中山陵园音乐台。（南京工学院建筑研究所.杨廷宝建筑设计作品集 [M].北京：中国建筑工业出版社，1983：77.）
- 9月，在北平市工务局登记技师。（赖德霖主编.近代哲匠录——中国近代重要建筑师、建筑事务所名录 [M].北京：中国水利水电出版社、知识产权出版社，2006：171.）
- 次子杨士芹在天津出生。（杨士英口述）

---

22 谭延闿（1880—1930），字祖安，湖南茶陵人，民国时期著名政治家、书法家。曾任湖南省参议院议长、省长兼督军、国民政府主席、行政院长等职。

1933 年（32 岁）

● 主持设计中央研究院历史语言研究所。（南京工学院建筑研究所.杨廷宝建筑设计作品集 [M].北京：中国建筑工业出版社，1983：106.）

● 主持设计中央大学图书馆扩建工程、校门。（南京工学院建筑研究所.杨廷宝建筑设计作品集 [M].北京：中国建筑工业出版社，1983：82-86）

● 1 月 12 日，参加在上海举行的中国建筑师学会年会。（《中国建筑》：第一卷第一期第 37 页）

● 10 月 6 日，幺子杨士萱在天津出生。（杨本玉提供）

● 10 月 10 日，在上海工商部登记建筑科技师。（《申报》1933 年 11 月 10 日）

1934 年（33 岁）

● 年初，陈法青携全家由天津迁居北平。（陈法青.忆廷宝 [M].广厦魂.南京：江苏科学技术出版社，1986：239）

● 主持设计南京管理中英庚款董事会办公楼。（南京工学院建筑研究所.杨廷宝建筑设计作品集 [M].北京：中国建筑工业出版社，1983：87）

● 主持设计国民党中央党史史料陈列馆。（南京工学院建筑研究所.杨廷宝建筑设计作品集 [M].北京：中国建筑工业出版社，1983：89）

● 主持设计重庆美丰银行。（南京工学院建筑研究所.杨廷宝建筑设计作品集 [M].北京：中国建筑工业出版社，1983：122）

● 主持设计陕西国立西北农林专科学校三号教学楼。（韩冬青，张彤.杨廷宝建筑设计作品选 [M].北京：中国建筑工业出版社，2001：166）

● 主持设计河南新乡河朔图书馆。（韩冬青，张彤.杨廷宝建筑设计作品选 [M].北京：中国建筑工业出版社，2001：165）

● 主持设计重庆美丰银行。（南京工学院建筑研究所.杨廷宝建筑设计作品集.北京：中国建筑工业出版社，1983：122）

● 主持设计南京大华大戏院。（南京工学院建筑研究所.杨廷宝建筑设计作品集 [M].北京：中国建筑工业出版社，1983：94）

● 参与设计上海大新百货公司。（韩冬青，张彤.杨廷宝建筑设计作品选 [M].北京：

中国建筑工业出版社，2001：165）

● 11月，随着北平都市计划与市政建设的诸项计划既定并落实实施，鉴于北平市内文物古迹多有残损毁圮，实有进行系统维护修缮的必要，开始制定北平市文物整理计划，并呈请国民政府行政院驻北平政务整理委员会（简称"政整会"）核示批准。（中国文物研究所．中国文物研究所七十年 [M]．北京：文物出版社，2005：199）

1935 年（34 岁）

● 年初，接受北平市工务局局长谭炳训[23]和旧都文物整理实施事务所的聘请，拟对北平古建进行修缮。（中国文物研究所．中国文物研究所七十年 [M]．北京：文物出版社，2005：203.）

● 3月，基泰工程司北平分所成立。地址在东城区王府井大街 130 号金城大楼 204 号，工作地点由天津转移到北平。（北京档案馆．北平市政府公安局登字十八卷第一一六号．J181-20-20173）

● 主持设计国民党中央监察委员会办公楼。（南京工学院建筑研究所．杨廷宝建筑设计作品集 [M]．北京：中国建筑工业出版社，1983：89.）

● 加入营造学社为社员。（《中国营造学社汇刊》第五卷第四期第 6 页）

● 在天津市工务局登记建筑技师。（《天津市工务局业务报告》，1935.）

● 在北平古建进行修缮之前，"各古建筑修缮工程均按照规定，经旧都文物整理委员会决议整理之后，由北平基泰工程司事务所委派建筑师，会同作为技术顾问的中国营造学社先期进行测绘勘察，编制工程查勘情形图说，拟具修缮计划书及预算册，再经旧都文物整理委员会复加详细审核，确定修缮工程做法说明书，并经投标选择营造厂商付诸实施。由现存当时的档案文书可以看出，在北平文物整理工程的具体实施过程中，旧都文物整理委员会及其文整实施事务处委托基泰工程司测绘设计、招标工程承包商等的文件合同齐全，往来文书中各单位印章及负责人签章滴水不漏，工程承包招标及承包商工料报价亦中规中矩，显示出极高的专业水准。"（中国文物研究所．中国文物研究所七十年 [M]．北京：文物出版社，2005：207.）

---

23 谭炳训（生卒年不详），1937 年之前曾任职于旧都文物整理实施事务所，参与北平文物整理工程，抗战期间去职，在江西从事国防公路工程，抗战胜利后返京。任北平市工务局局长，兼任行政院北平文物整理委员会工程处处长等职。

● 5月9日，北平天坛圜丘坛古建修缮开工，拉开为时近两年（至1936年10月）的北平实施第一期文物整理工程序幕。其后，共修缮十处古建筑，计有天坛圜丘坛、皇穹宇、祈年殿、北京城东南角楼、西直门箭楼、国子监辟雍、中南海紫光阁、真觉寺金刚宝座塔、玉泉山玉峰塔、碧云寺罗汉堂。（中国文物研究所.中国文物研究所七十年[M].北京：文物出版社，2005：207.）

● 6月5日—8月20日，参加国立中央博物院方案设计竞赛获三等奖（《申报 建筑周刊》1935年11月19日第148期）

● 10月，参加南京国民大会堂设计投标，获第二名。（卢海鸣，杨新华.南京民国建筑[M].南京：南京大学出版社，2001：304.）

● 主持设计北平先农坛体育场。（张镈.我的建筑创作道路[M].天津：天津大学出版社，2011：32.）

1936年（35岁）

● 主持设计南京金陵大学图书馆。（南京工学院建筑研究所.杨廷宝建筑设计作品集[M].北京：中国建筑工业出版社，1983：99.）

● 主持设计国立中央大学附属牙科医院。（南京工学院建筑研究所.杨廷宝建筑设计作品集[M].北京：中国建筑工业出版社，1983：103.）

● 主持设计李士伟[24]医生住宅。（南京工学院建筑研究所.杨廷宝建筑设计作品集[M].北京：中国建筑工业出版社，1983：105.）

● 主持设计中央研究院总办事处。（南京工学院建筑研究所.杨廷宝建筑设计作品集[M].北京：中国建筑工业出版社，1983：166.）

● 主持设计国立四川大学规划（未实施）。（南京工学院建筑研究所.杨廷宝建筑设计作品集[M].北京：中国建筑工业出版社，1983：107.）

● 9月，发表《汴郑古建筑游览记录》一文。（《营造学社汇刊》第六卷第三期第1页）

● 年底，北平古建筑修缮工作行将结束，转至南京总所工作。（陈法青.忆廷宝[M]//刘向东，吴友松.广厦魂.南京：江苏科学技术出版社，1986：239.）

---

24 李士伟（1895—1981），河南卢氏人。1932年任国立中央医院妇产科主任。1941年出任国民党陆军总医院妇产科主任。1946年任国立山东大学医学院教授和首任院长，并兼附设医院院长。后为台湾省台北妇产科医院院长。

1937 年（36 岁）

● 主持设计南京祁家桥俱乐部。（南京工学院建筑研究所.杨廷宝建筑设计作品集 [M].北京：中国建筑工业出版社，1983：164.）

● 主持设计南京寄梅堂(未建)。（南京工学院建筑研究所.杨廷宝建筑设计作品集 [M].北京：中国建筑工业出版社，1983：108.）

● 主持设计成都励志社大楼。（韩冬青，张彤.杨廷宝建筑设计作品选 [M].北京：中国建筑工业出版社，2001：167.）

● 主持设计重庆陪都国民政府办公楼改造。（南京工学院建筑研究所.杨廷宝建筑设计作品集 [M].北京：中国建筑工业出版社，1983：125.）

● 主持设计国立四川大学图书馆、理化楼、学生宿舍（已毁）。（南京工学院建筑研究所.杨廷宝建筑设计作品集 [M].北京：中国建筑工业出版社，1983：109-112.）

● 7 月 7 日，卢沟桥事变，抗日战争爆发。陈法青携子女到天津租界暂避。（陈法青.忆廷宝 [M]// 刘向东，吴友松.广厦魂 [M].南京：江苏科学技术出版社，1986：239.）

● 9 月，日本兵占领天津，陈法青又携儿女五人随梁思成、刘敦桢两家同乘英商太古公司的客轮从天津塘沽口启程，经烟台到青岛，再分段转乘火车经济南、徐州、郑州，在许昌下车，与梁、刘两家离别（刘叙杰.脚印 履痕 足音 [M].天津：天津大学出版社，2009：154），杨廷宝几经辗转接到陈法青和子女。翌日，乘长途汽车同返南阳家中（陈法青.忆廷宝 [M]// 刘向东，吴友松.广厦魂.南京：江苏科学技术出版社，1986：240.）。

1938 年（37 岁）

● 春节后，为躲避日机对南阳骚扰、轰炸，全家迁往内乡秦家寨山沟居住。（陈法青.忆廷宝 [M]// 刘向东，吴友松.广厦魂.南京：江苏科学技术出版社，1986：240.）

● 搬家后，即应母校河南大学（原河南留学欧美预备学校）之聘赴开封任外文教师。（陈法青.忆廷宝 [M]// 刘向东，吴友松.广厦魂.南京：江苏科学技术出版社，1986：240.）

● 在河南大学任教半年后，奉内迁重庆的基泰工程司电召，参加刘湘陵墓设计工作，只身赴渝。（陈法青.忆廷宝 [M]// 刘向东，吴友松.广厦魂.南京：江苏科学技术出版社，1986：240.）

1939 年（38 岁）

● 主持设计重庆嘉陵新村国际联欢社。（南京工学院建筑研究所.杨廷宝建筑设计作品集 [M]. 北京：中国建筑工业出版社，1983：113.）

● 主持设计重庆嘉陵新村圆庐住宅。（南京工学院建筑研究所.杨廷宝建筑设计作品集 [M]. 北京：中国建筑工业出版社，1983：116.）

● 指导张镈设计重庆刘湘[25]墓园。（南京工学院建筑研究所.杨廷宝建筑设计作品集 [M]. 北京：中国建筑工业出版社，1983：117；张镈.我的建筑创作道路 [M] 天津：天津大学出版社，2011:26-28.）

1940 年（39 岁）

● 春，返河南内乡秦家寨接陈法青及儿女迁居重庆歌乐山。（陈法青.忆廷宝 [M]// 刘向东，吴友松.广厦魂.南京：江苏科学技术出版社，1986：240.）

● 6 月，兼任内迁重庆的国立中央大学建筑工程系、重庆大学建筑工程系教授。（赖德霖.近代哲匠录——中国近代重要建筑师、建筑事务所名录 [M]. 北京：中国水利水电出版社、知识产权出版社，2006：171.）

1941 年（40 岁）

● 主持设计重庆农民银行。（南京工学院建筑研究所.杨廷宝建筑设计作品集 [M]. 北京：中国建筑工业出版社，1983：126.）

● 主持设计重庆中国滑翔总会跳伞塔。（南京工学院建筑研究所.杨廷宝建筑设计作品集 [M]. 北京：中国建筑工业出版社，1983：127.）

1942 年（41 岁）

● 与梁思成商定，在中央大学建筑工程系设"桂辛奖"奖学金，选定四年级学生参加

---

25 刘湘（1888—1938），四川大邑人。一级陆军上将，四川省主席。

第一次建筑设计竞赛（题目：国民大会堂），并参加评审，获奖者为郑孝燮。（林洙.中国营造学社史略 [M]. 天津：百花文艺出版社，2008：184.）

● 4月4日，发表《我怎样设计陪都跳伞塔》一文（《大公报（重庆）》1942年4月4日第3版）（《中国滑翔》1942年6月第2期转载）

● 10月，任（重庆）第三次全国美术展览会筹备委员。（张道藩.教育部第三次全国美术展览会概述 [J]. 社会教育季刊，1943（2）：1-24.）

1943年（42岁）

● 主持设计林森[26]墓园。（南京工学院建筑研究所.杨廷宝建筑设计作品集 [M]. 北京：中国建筑工业出版社，1983：128.）

1944年（43岁）

● 年初设计重庆青年会电影院。（南京工学院建筑研究所.杨廷宝建筑设计作品集 [M]. 北京：中国建筑工业出版社，1983：131.）

● 为《营造学社汇刊》出版第七卷第一期捐款2000元。（林洙.中国营造学社史略 [M]. 天津：百花文艺出版社，2008：70.）

● 3月18日，应国民政府资源委员会副主任钱昌照[27]的推荐，参加工业建设考察团，由重庆赴美国、加拿大、英国进行为时20个月的考察（吴杨杰，朱晓明.从机构到个人——抗战后期杨廷宝受资源委员会派遣出国考察述评 [J]. 建筑学报，2020（S2），第22期：221-216.）

● 3月，途经英属印度阿格拉、新德里、卡拉奇作短暂考察。（吴杨杰，朱晓明.从机构到个人——抗战后期杨廷宝受资源委员会派遣出国考察述评 [J]. 建筑学报，2020（S2），第22期：221-216.）

● 4月初至11月初，抵达美国，集中考察东海岸、环纽约都市圈和以底特律等为代表

26 林森（1868—1943），字子超，福建闽侯县人。1932年起接替蒋介石担任国民政府主席一职。
27 钱昌照（1899—1988），生于江苏常熟，1919年赴英国伦敦政治经济学院留学，1922年进牛津大学深造。回国后先后任国民政府外交部秘书、国民政府秘书、教育部常务次长、资源委员会副主任委员等职。中华人民共和国成立后当选政协全国委员会委员、一至四届全国人大代表，第五、六届全国政协副主席，第五、六届民革中央副主席等职。

的五大湖工业重镇城市的工矿企业、政府和协会机构、知名建筑高校、专业性建筑规划设计公司与住宅实例及其他。并拜访了保尔·克瑞、马歇尔·布劳耶和格罗皮乌斯。

● 11 月，赴加拿大考察蒙特利尔、渥太华和多伦多一带的工业项目为主。（吴杨杰，朱晓明. 从机构到个人——抗战后期杨廷宝受资源委员会派遣出国考察述评 [J]. 建筑学报，2020（S2），第 22 期：221-216.）

1945 年（44 岁）

● 年初，从加拿大返美继续考察美国西海岸的洛杉矶等发达城镇的工业建设项目。期间，分别拜访了罗兰·旺克、埃利尔·沙里宁、密斯·凡·德·罗、赖特[28]和路易斯·康（吴杨杰，朱晓明. 从机构到个人——抗战后期杨廷宝受资源委员会派遣出国考察述评 [J]. 建筑学报，2020（S2），第 22 期：221-216.）

● 11 月秋，随国民政府考察团转赴英国伦敦等地考察建筑事务所、材料中心、实验中心和知名建筑高校，以及英国皇家建筑学会新会址大楼。（陈法青. 忆廷宝广厦魂附录 [M]. 南京：江苏科学技术出版社，1986：242.）

● 12 月 16 日，结束考察，由英国回到重庆。（吴杨杰，朱晓明. 从机构到个人——抗战后期杨廷宝受资源委员会派遣出国考察述评 [J]. 建筑学报，2020（S2），总第 22 期：221-226.）

1946 年（45 岁）

● 春，全家从歌乐山顶搬至沙坪坝等待返宁，因南京基泰工程司为解决房荒问题工程设计任务紧急，只身先行飞宁。（陈法青. 忆廷宝 [M]// 刘向东，吴友松. 广厦魂. 南京：江苏科学技术出版社，1986：243.）

● 主持南京下关火车站扩建工程。（南京工学院建筑研究所. 杨廷宝建筑设计作品集 [M]. 北京：中国建筑工业出版社，1983：132.）

---

28 赖特（F·L·Wright，1867—1959），出生于美国威斯康星州，曾在威斯康星州大学学习土木工程，未毕业即离校去芝加哥进入建筑界。1893 年创立建筑师事务所，后成为第一代建筑大师。

- 主持设计南京公教新村。（南京工学院建筑研究所.杨廷宝建筑设计作品集[M].北京：中国建筑工业出版社，1983：135.）

- 主持设计南京儿童福利站。（南京工学院建筑研究所.杨廷宝建筑设计作品集[M].北京：中国建筑工业出版社，1983：143.）

- 主持设计南京楼子巷职工宿舍。（南京工学院建筑研究所.杨廷宝建筑设计作品集[M].北京：中国建筑工业出版社，1983：145.）

- 主持设计南京国民政府盐务总局办公楼。（南京工学院建筑研究所.杨廷宝建筑设计作品集[M].北京：中国建筑工业出版社，1983：146.）

- 主持南京基泰工程司办公楼扩建工程。（南京工学院建筑研究所.杨廷宝建筑设计作品集[M].北京：中国建筑工业出版社，1983：148.）

- 主持设计南京翁文灏[29]公馆。（南京工学院建筑研究所.杨廷宝建筑设计作品集[M].北京：中国建筑工业出版社，1983：151.）

- 主持设计南京国际联欢社扩建工程。（南京工学院建筑研究所.杨廷宝建筑设计作品集[M].北京：中国建筑工业出版社，1983：152.）

- 主持设计南京北极阁宋子文[30]公馆。（南京工学院建筑研究所.杨廷宝建筑设计作品集[M].北京：中国建筑工业出版社，1983：155.）

- 9月，陈法青携儿女和行装乘船离开重庆，11天后到达南京。（陈法青.忆廷宝.广厦魂附录1：第243页）

- 10月5日，出席在上海中国银行大厦礼堂举行的抗战胜利后第一次中国建筑师年会。在会上演讲了欧美建筑近况，并当选中国建筑师学会理事，与童寯负责设计会员证。（胡金钻.中国建筑师学会后期活动纪实[M]//杨永生.建筑百家回忆录续编.北京：知识产权出版社、中国水利水电出版社，2003：69）

- 10月，设计"成贤小筑"自宅，年底落成。（南京工学院建筑研究所.杨廷宝建筑设计作品集[M].北京：中国建筑工业出版社，1983：140）

---

29 翁文灏（1889—1971），浙江鄞县（今属宁波）人，清末留学比利时，专攻地质学，获理学博士，于1912年回国。是民国时期著名学者，中国早期最著名的地质学家。抗战时期主管矿务资源与其生产。官至国民政府行政院长高位，为中央研究院第一届院士。中华人民共和国成立后曾任政协全国委员会委员、中国国民党革命委员会中央委员常务委员。

30 宋子文（1894—1971），广东文昌人，民国时期的政治家、外交家、金融家。

1947 年（46 岁）

- 年初，父辞去南阳县参议长后，来宁长住家中闲居。（杨廷寘.记南阳杨氏家族 [J].河南文史资料,第 33 辑，1990，33：174.）

- 主持设计南京正气亭。（南京工学院建筑研究所.杨廷宝建筑设计作品集 [M].北京：中国建筑工业出版社，1983：138.）

- 主持设计南京新生俱乐部。（南京工学院建筑研究所.杨廷宝建筑设计作品集 [M].北京：中国建筑工业出版社，1983：159.）

- 主持设计南京招商局候船厅及办公楼。（南京工学院建筑研究所.杨廷宝建筑设计作品集 [M].北京：中国建筑工业出版社，1983：162.）

- 主持设计南京国民政府资源委员会办公楼。（南京工学院建筑研究所.杨廷宝建筑设计作品集 [M].北京：中国建筑工业出版社，1983：165.）

- 主持设计中央研究院化学研究所。（南京工学院建筑研究所.杨廷宝建筑设计作品集 [M].北京：中国建筑工业出版社，1983：174.）

- 9 月，和陈植、梁思成在上海见面。此时梁思成刚结束在美国近一年的建筑教育考察和讲学，并完成国民政府外交部授命出任联合国大厦设计委员会中国顾问的工作回国，途经上海返回北平。并应梁思成请求，将 40 余幅在宾大读书时的西方建筑史手绘作业图，馈赠清华母校作为教学资料，以支持梁思成创办建筑系。（林洙口述，左川记述.我们如何发现杨廷宝手迹）（清华大学建筑学院资料室于首页记述杨廷宝馈赠手绘作业图缘由）

1948 年（47 岁）

- 主持设计南京延晖馆（孙科[31] 住宅）。（南京工学院建筑研究所.杨廷宝建筑设计作品集 [M].北京：中国建筑工业出版社，1983：170.）

- 主持设计中央研究院九华山职工宿舍。（南京工学院建筑研究所.杨廷宝建筑设计作品集 [M].北京：中国建筑工业出版社，1983：176.）

- 主持设计中央通讯社总社办公大楼。（南京工学院建筑研究所.杨廷宝建筑设计作品集 [M].北京：中国建筑工业出版社，1983：177.）

---

31 孙科（1891—1973），广东中山人，孙中山独子。民国史上唯一曾任三院（行政院、立法院、考试院）的院长。

● 主持设计南京结核病医院。（南京工学院建筑研究所.杨廷宝建筑设计作品集 [M].
北京：中国建筑工业出版社，1983：179.）

● 7 月，出席在南京召开的抗战胜利后第二次中国建筑师学会会员大会，并当选理事。
（胡金钻.中国建筑师学会后期活动纪实 [M]// 杨永生.建筑百家回忆录续编.北京：知
识产权出版社、中国水利水电出版社，2003：69.）

1949 年（48 岁）

● 年初，关颂声动员杨携全家随基泰工程司赴台，杨谢绝，并决心留在大陆等待解放。
（刘向东，吴友松.广厦魂 [M].南京：江苏科学技术出版社，1986：112.）

● 4 月 23 日，南京解放，军管会接管国立中央大学。受命任建筑工程系系主任。（陈
法青.忆廷宝 [M]// 刘向东，吴友松.广厦魂.南京：江苏科学技术出版社，1986：244.）

● 10 月 1 日，中华人民共和国成立。国立中央大学更名为"南京大学"，建筑工程系
更名为"南京大学工学院建筑工程系"，继任系主任。（单踊.东南大学建筑系 70 年纪
事 [M]// 潘谷西.东南大学建筑系成立七十周年纪念专集.北京：中国建筑工业出版社，
1997：236.）

1950 年（49 岁）

● 2 月 15 日，任南京市兴建人民革命烈士陵筹备委员会副主任委员。（《新华日报》
1950 年 2 月 15 日第 03 版）

● 2 月 18 日，赴雨花台参加各界公祭革命烈士仪式，并初步勘察修建烈士陵选址。(《新
华日报》1950 年 2 月 15 日第 03 版）

● 4 月 22 日，任南京市生产建设研究委员会委员。（《新华日报》1950 年 4 月 23 日
第 01 版）

● 7 月，参加 1950 届 3 名毕业生谢师茶会。（黄元浦.一纸签名留念引起的回忆 [M]//
潘谷西.东南大学建筑系成立七十周年纪念专集.北京：中国建筑工业出版社，1997：106.）

● 7 月 21 日，因不擅行政工作，且教学和设计工作繁重，担心影响系务发展，故致函
钱锺韩院长请辞系主任职，被挽留。（东南大学档案馆提供原件）

● 9 月，为在天津刚完婚返校的青年助教张致中夫妇设家宴款待，并邀请建筑系老先
生前来捧场庆贺。下午与宾客分乘数辆三轮车前往文昌巷 3 号，参观童寯亲自设计的新居。

（2021 年 6 月张致中夫人王静宁给建筑学院纪念杨廷宝的一封信）

• 年底，接受北京公私合营兴业投资公司邀请，与基泰工程司的合作者、总结构师杨宽麟赴京组建建筑工程设计部，并兼任总建筑师。（杨伟成 . 中国第一代建筑结构工程设计大师杨宽麟 [M]. 天津：天津大学出版社，2011：169.）

1951 年（50 岁）

• 8 月，携南京大学工学院建筑工程系学生巫敬桓[32]、张琦云和在基泰工程司工作多年的郭锦文、王钟仁四人到北京，加盟北京公私合营兴业投资公司建筑工程部。（巫加都 . 建筑依然在歌唱——忆建筑师巫敬桓、张琦云 [M]. 北京：中国建筑工业出版社，2016：147.）

• 主持设计兴业公司设计部第一个项目北京联合饭店（后定名"和平宾馆"），施工图设计由巫敬桓完成。（杨伟成 . 中国第一代建筑结构工程设计大师杨宽麟 [M]. 天津：天津大学出版社，2011：33.）

• 主持设计南京中华门长干桥改建。（南京工学院建筑研究所 . 杨廷宝建筑设计作品集 [M]. 北京：中国建筑工业出版社，1983：190.）

• 主持设计北京全国工商业联合会办公楼，施工图设计由巫敬桓、张琦云完成。（南京工学院建筑研究所 . 杨廷宝建筑设计作品集 [M]. 北京：中国建筑工业出版社，1983：187.）

• 参与北京人民英雄纪念碑方案设计的讨论。（齐康记述 . 杨廷宝谈建筑 [M]. 北京：中国建筑工业出版社，1991：69.）

• 10 月 23 日—11 月 1 日，列席首届中国人民政治协商会议第三次会议。（《新华日报》1951 年 10 月 24 日第 02 版）

1952 年（51 岁）

• 年初，因冬季施工条件不佳，联合饭店工程中辍。因亚洲及太平洋区域和平会议拟在北京召开，周恩来总理指定联合饭店作为会议接待宾馆之一。6 月政府追加拨款，加快建设，限期保质完工。（巫加都 . 建筑依然在歌唱——忆建筑师巫敬桓、张琦云 [M]. 北京：

---

32 巫敬桓（1919—1977），出生于重庆。1945 年毕业于中央大学建筑工程系，留校任教。1951 年，加盟北京兴业公司建筑设计部，设计代表作有北京和平宾馆、北京王府井百货大楼等。1954 年底，随兴业公司被合并到北京市设计院。

中国建筑工业出版社，2016：147.）

• 8月中旬，北京市委、市政府批准市工商局提出在首都建设一座（商用）楼房的计划，揭开了修建王府井百货大楼的序幕。（巫加都.建筑依然在歌唱——忆建筑师巫敬桓、张琦云[M].北京：中国建筑工业出版社，2016：172.）

• 9月，参加联合饭店竣工验收。因亚太和平会议，饭店定名为"和平宾馆"。（巫加都.建筑依然在歌唱——忆建筑师巫敬桓、张琦云[M].北京：中国建筑工业出版社，2016：147.）

• 9月，全国高等院校院系调整，原南京大学工学院与文理学院分离，改名为"南京工学院建筑系"，续任建筑系系主任。（单踊.东南大学建筑系70年纪事[M]//潘谷西.东南大学建筑系成立七十周年纪念专集.北京：中国建筑工业出版社，1997：236.）

1953年（52岁）

• 年初，北京工商局将王府井百货大楼的设计委托给兴业设计部，应是看到两位杨（廷宝、宽麟）先生的强项（巫加都.建筑依然在歌唱——忆建筑师巫敬桓、张琦云[M].北京：中国建筑工业出版社，2016：173.）。"依旧是杨廷宝先生勾勒初步草图"（同前，第22页）。

• 主持、指导设计南京华东航空学院教学楼。（南京工学院建筑研究所.杨廷宝建筑设计作品集[M].北京：中国建筑工业出版社，1983：193.）

• 主持、指导设计南京大学东南楼、西南楼。（南京工学院建筑研究所.杨廷宝建筑设计作品集[M].北京：中国建筑工业出版社，1983：196.）

• 主持设计南京工学院五四楼。（南京工学院建筑研究所.杨廷宝建筑设计作品集[M].北京：中国建筑工业出版社，1983：199.）

• 9月26—27日，迎送法中友好协会代表团访宁。（《新华日报》1953年9月28日第01版）

• 10月23—27日，出席在北京召开的中国建筑学会第一次全国会员代表大会（中国建筑学会，《建筑学报》杂志社.中国建筑学会六十年[M].北京：中国建筑工业出版社，2013：20）。10月28日，出席中国建筑学会第一届第一次常务理事会议，当选副理事长和中国建筑学会中国建筑研究委员会委员（中国建筑学会，《建筑学报》杂志社.中国建筑学会六十年[M].北京：中国建筑工业出版社，2013：19-21）。

• 10月30日，出席中国建筑学会第一届第二次常务理事会议，讨论学界若干问题。（中国建筑学会综合部提供第二次理事会会议记录）

• 是年，主持北京王府井百货大楼方案设计。因身为南京工学院建筑系系主任，教务缠身，已将主要精力放在教学和校园建设上，北京那边的工程逐步让学生巫敬桓夫妇主持。虽不坐镇北京，但时时关注大楼的设计，好在二位弟子心有灵犀一点通，小问题在电话里沟通，大问题亲赴北京就地解决。（巫加都.建筑依然在歌唱——忆建筑师巫敬桓、张琦云 [M].北京：中国建筑工业出版社，2016：173.）

1954 年（53 岁）

• 2 月 11 日，出席中国建筑学会第一届第三次常务理事会议，讨论了第二次常务理事会以来的工作概况，参加中苏友协、参加国际建筑师协会、成立分会等问题，审查了各工作委员会本年度的工作计划。（中国建筑学会，《建筑学报》杂志社.中国建筑学会六十年 [M].北京：中国建筑工业出版社，2013：20.）

• 春，受梁思成、吴良镛[33]等三位在京好友之邀在东安市场西餐厅聚会。（吴良镛.一代宗师——怀念杨廷宝老师 [M]// 刘先觉.杨廷宝先生诞辰一百周年纪念文集.北京：中国建筑工业出版社，2001：2.）

• 春，与童寯[34]及张镛森[35]和王蕙英、刘光华[36]和龙希玉两对夫妇同游苏州留园、虎丘等地。（刘光华 2015 年 7 月 9 日发照片至编者之说明）

• 主持、指导南京工学院校园中心规划和五五楼设计。（南京工学院建筑研究所.杨廷宝建筑设计作品集 [M].北京：中国建筑工业出版社，1983：198、200.）

• 3 月，选为南京中山植物园设计委员会委员。（盛诚桂.南京中山植物园 [J].中国科学院史料，1982（02））

• 4 月，应邀与童寯、刘光华及市政建设委员会麦保曾工程师数次参与中山植物园规划设计研究。[江苏省·中国科学院植物研究所（南京中山植物园）·所（园）志，2009.10]

---

33 吴良镛，1922 年生，江苏南京人。1944 年毕业于中央大学建筑工程系，1946 年协助梁思成创办清华大学建筑系。1948 年赴美国匡溪艺术学院与建筑设计系学习，1949 年获硕士学位。1951 年回国。任教授、系主任等职。中国科学院、工程院两院院士。

34 童寯（1900—1983），满族。1925 年清华毕业后，留学美国宾夕法尼亚大学建筑系，获硕士学位。1930 年回国后任东北大学建筑系教授、系主任。1931 年成为华盖建筑师事务所"三巨头"之一。1944 年兼任中央大学建筑工程系教授。1949 年以后至逝世一直任南京工学院教授、建筑研究所副所长。

35 张镛森（1909—1983），江苏苏州人。1931 年毕业于中央大学建筑工程系。中华人民共和国成立后历任南京工学院教授、副系主任，江苏省标准学会理事长。

36 刘光华，1918—2019，江苏南京人。1940 年毕业于中央大学建筑工程系。1943—1946 年先后在美国宾大、哥伦比亚大学留学，获硕士学位。1946 年后任中央大学南京工学院建筑系教授。1983 年后定居美国。

● 4月17日，中央人民政府政务院文化教育委员会批准中国建筑学会加入国际建筑师协会的申请。（中国建筑学会，《建筑学报》杂志社.中国建筑学会六十年[M].北京：中国建筑工业出版社，2013：20.）

● 5月11日，接待来宁访问的朝鲜人民访华代表团参观建筑系。（《新华日报》1954年5月12日第01版）

● 5月22日，出席中国建筑学会第一届第四次常务理事会议，讨论参加将于6月中旬在华沙召开的国际建筑师及市政界人士集会问题，以及相关组织问题。（中国建筑学会，《建筑学报》杂志社.中国建筑学会六十年[M].北京：中国建筑工业出版社，2013：20.）

● 5月27日，杨廷宝赴京准备出席在波兰华沙召开的"国际建筑师及市政界人士集会"。当天，建筑系师生50余人在杨宅"成贤小筑"举办小型欢送会，有学生向杨廷宝献花，并合唱了《歌唱祖国》。杨廷宝表演拳术助兴，又嘱咐同学们在暑假实习中虚心向工人同志学习，遵守纪律，听从老师指导。（黄伟康.杨廷宝教授赴波兰出席国际建筑师会议.南京工学院通讯，1954年5月30日）

● 6月17日—26日，应波兰建筑师协会邀请，出席在华沙召开的"国际建筑师及市政界人士集会"。（中国建筑学会，《建筑学报》杂志社.中国建筑学会六十年[M].北京：中国建筑工业出版社，2013：21.）

● 8月10日，在中国建筑学会第一届第五次常务理事会议上，汇报参加在华沙召开的"国际建筑师及市政界人士集会"会议情况。（中国建筑学会，《建筑学报》杂志社.中国建筑学会六十年[M].北京：中国建筑工业出版社，2013：21.）

● 9月，当选第一届全国人民代表大会代表。（《新华日报》1954年9月4日第01版）

● 9月15日—28日，出席在北京召开的中华人民共和国第一届全国人民代表大会第一次会议。（中华人民共和国第一届全国人民代表大会第一次会议秘书处致杨廷宝代表信函——东南大学档案馆）会议期间受到毛主席等党和国家领导人的亲切接见。（全体人大代表与毛主席，等党和国家领导人合影）

● 10月5日，出席中国建筑学会第一届第六次常务理事会会议，讨论全国人大一次会议上，周总理政府工作报告中有关批评基本建设工程中浪费现象的问题。（中国建筑学会，《建筑学报》杂志社.中国建筑学会六十年[M].北京：中国建筑工业出版社，2013：21.）

● 年底，私有制改造大潮中兴业设计部的大多数同仁跟随杨宽麟先生一起并入北京市设计院后，因无意再做工程设计，回南京工学院专心任教。（巫加都.建筑依然在歌唱——忆建筑师巫敬桓、张琦云[M].北京：中国建筑工业出版社，2016：171.）

1955 年（54 岁）

● 2 月 13 日，在江苏省第一届人民代表大会第二次会议上当选江苏省人民委员会委员。（《新华日报》1955 年 2 月 14 日第 01 版）

● 3 月 5 日，出席中国建筑学会第一届第七次常务理事会，讨论学会中存在的形式主义、复古主义倾向等问题，研究了国际活动方面的工作和在建筑中如何进一步贯彻节约原则的问题。（中国建筑学会，《建筑学报》杂志社 . 中国建筑学会六十年 [M]. 北京：中国建筑工业出版社，2013：21.）

● 3 月 13 日—14 日，在中华全国自然科学专门学会联合会南京分会（简称"南京科联"）第一次会员代表大会上，当选第一届委员会委员。（《新华日报》1955 年 3 月 16 日第 01 版）

● 6 月 1 日—10 日，出席在北京召开的中国科学院学部成立大会。（中国科学院学部成立大会秘书处致杨廷宝通知——东南大学档案馆）

● 6 月 10 日，在中国科学院学部成立大会上当选技术科学部常务委员会委员。（《新华日报》1955 年 6 月 11 日第 04 版）和中国科学院首届学部委员（1955 年中国科学院学部委员名单）。

● 7 月 9 日—16 日，率中国建筑师代表团（8 人）参加在荷兰海牙召开的国际建协第 4 次代表会议（中国建筑学会，《建筑学报》杂志社 . 中国建筑学会六十年 [M]. 北京：中国建筑工业出版社，2013：23），并代未出席此次会议的周荣鑫[37]理事长参加执行委员会的会议（汪季琦 . 回忆杨廷宝教授二三事 [J]. 建筑师，1983，15：9）。回国途中顺访苏联（吴良镛 . 一代宗师——怀念杨廷宝老师 [M]// 刘先觉 . 杨廷宝先生诞辰一百周年纪念文集 . 北京：中国建筑工业出版社，2001：2.）。

● 8 月 21 日，下午到梁思成家中看望，并在梁思成家中即兴画了一幅水彩画，引得梁思成也"把这多年生疏的手艺重试了一下"。（1955 年 8 月 21 日，梁思成写给梁再冰的信）

● 8 月底，在校科学馆阶梯教室为土木和建筑两系新生作建筑学专业启蒙演讲。（王伯扬 . 忆杨老 [M]// 刘先觉 . 杨廷宝先生诞辰一百周年纪念文集 . 北京：中国建筑工业出版社，2001：80.）

● 9 月 25 日，王府井百货大楼竣工开业，在北京引起轰动。国家最高领导人毛主席、

---

37 周荣鑫（1917—1976），山东蓬莱县人。曾任国务院秘书长、教育部部长，教育家。

周总理等都曾前去参观。2005年，王府井百货大楼庆祝建成五十周年，将二杨（廷宝、宽麟）誉为"感动王府井十大影响人物"。(杨伟成.中国第一代建筑结构工程设计大师杨宽麟[M].天津：天津大学出版社，2011：34.)

● 10月27日，欢迎波兰建筑师协会访华代表团访宁。(《新华日报》1955年10月28日第04版)

● 11月10日—20日，率中华人民共和国工程技术学会联合代表团，出席南斯拉夫工程技术联合会于11月13日—17日在南斯拉夫萨拉热窝举行的第6届大会（中华全国自然科学专门学会联合会 会字第七九三号）。大会前后参观访问了贝尔格莱德、萨拉热窝、萨格列布（《中国建筑学会会讯》1956年第1期）。

● 12月中旬，出席江苏省第一届人民代表大会第三次会议。（江苏省人民委员会通知——东南大学档案馆）

● 12月21日，主持全国楼房住房及宿舍标准设计评选工作座谈会。(中国建筑学会《建筑学报》杂志社.中国建筑学会六十年[M].北京：中国建筑工业出版社，2013：23)

● 12月29日，出席中国建筑学会第一届第十一次常务理事扩大会议，听取焦善民报告出席"全苏建筑师第二次代表大会"情况。（中国建筑学会，《建筑学报》杂志社.中国建筑学会六十年[M].北京：中国建筑工业出版社，2013：21.）

1956年（55岁）

● 年初，主持南京林学院校园规划设计。（南京林业大学档案馆）

● 2月22日—3月4日，参加国家建委召开的全国第一次基本建设会议（中国建筑学会，《建筑学报》杂志社.中国建筑学会六十年[M].北京：中国建筑工业出版社，2013：24.）。并做"建筑师培养的几个问题"讲话（《中国建筑学会会讯》1956年第3期）。

● 3月27日，出席中国建筑学会第一届第十二次常务理事会议，研究召开第二次理事扩大会议及组织工作、编辑工作和国际学术活动方面的问题。（中国建筑学会，《建筑学报》杂志社.中国建筑学会六十年[M].北京：中国建筑工业出版社，2013：24.）

● 4月8日—5月2日，出访意大利CAPRI（杨廷宝出访清单手迹）。并出席国际建筑师协会执行委员会会议（杨廷宝.参加国际建筑师协会1960年执行委员会工作报告.中国建筑学会综合部提供）。

- 5 月，出席在北京召开的"拟制全国长期科学规划会议"。（陈法青生前提供照片）

- 6 月 14 日，在出席"拟制全国长期科学规划会议"期间，受到毛主席等党和国家领导人接见，并合影留念。（陈法青生前提供）

- 7 月，主持南京工学院兰园教授住宅方案设计，江苏省建筑设计院完成施工图设计。（江苏省建筑设计院总建筑师姚宇澄口述）

- 9 月，发表《解放后在建筑设计中存在的几个问题》一文。（《建筑学报》1956 年第 9 期第 51 页）

- 是月，兼任建工部建筑科学研究院与南京工学院合办"公共建筑研究室"主任（单踊. 东南大学建筑系 70 年纪事 [M]// 潘谷西. 东南大学建筑系成立七十周年纪念专集. 北京：中国建筑工业出版社，1997：236.），主持"综合医院建筑设计"课题研究（江德法，陈励先. 综合医院建筑设计研究——记杨老倡导与主持的科研课题 [M]// 潘谷西. 东南大学建筑系成立七十周年纪念专集. 北京：中国建筑工业出版社，1997：185）。

- 10 月，在南京工学院院庆四周年科学报告会上做科研报告。（单踊. 东南大学建筑系 70 年纪事 [M]// 潘谷西. 东南大学建筑系成立七十周年纪念专集. 北京：中国建筑工业出版社，1997：236.）

- 替代周荣鑫正式接任国际建协执行局执行委员。（汪季琦. 回忆杨廷宝教授二三事 [J]. 建筑师，1983，15：9）

- 主持设计南京工学院动力楼。（东南大学建筑研究所. 杨廷宝建筑设计作品集 [M]. 北京：中国建筑工业出版社，1983：201.）

1957 年（56 岁）

- 1 月，出席江苏省第一届人民代表大会第五次会议。（江苏省第一届人民代表大会第五次会议秘书处致杨廷宝通知——东南大学档案馆）

- 主持设计南京工学院中大院和大礼堂扩建工程，并设计沙塘园宿舍、沙塘园食堂。（南京工学院建筑研究所. 杨廷宝建筑设计作品集 [M]. 北京：中国建筑工业出版社，1983：203-207.）

- 2 月 12 日—19 日，出席在北京召开的中国建筑学会第二次全国会员代表大会，并在第二届理事会第一次会议上当选中国建筑学会第二届副理事长。（中国建筑学会，《建筑学报》杂志社. 中国建筑学会六十年 [M]. 北京：中国建筑工业出版社，2013：27.）

● 2月21日，出席中国建筑学会第二届第一次常务理事会会议，讨论国内学术活动和国际活动、编辑出版工作及会务工作等问题。（中国建筑学会，《建筑学报》杂志社.中国建筑学会六十年[M].北京：中国建筑工业出版社，2013：28.）

● 5月，在梁思成、汪坦陪同下，访问清华大学建筑系（清华大学建筑学院.匠人营国——清华大学建筑学院60年.北京：清华大学出版社，2006：55.）

● 7月，主持江苏省省委一号楼方案设计，江苏省建筑设计院完成施工图设计。（江苏省建筑设计院总建筑师姚宇澄口述）

● 8月14日，赴西柏林参观考察。（杨廷宝出访清单手迹，杨士英提供）；19日—21日，出席国际建协执行委员会在西柏林召开的工作会议。（杨廷宝参会情况汇报.中国建筑学会综合部提供）

● 8月19—21日，出席在西柏林市中心一座旅馆召开的国际建协执行委员会会议。（杨廷宝撰写参会情况汇报.中国建筑学会综合部提供）

● 8月22日，参观东、西柏林的新建筑，主要是西柏林的"国际建筑新区"。（杨廷宝撰写参会情况汇报.中国建筑学会综合部提供）

● 8月23日—24日，出席在西柏林同一旅馆召开的国际建协居住建筑委员会会议。（杨廷宝撰写参会情况汇报.中国建筑学会综合部提供）

● 9月5日—7日，率中国建筑师代表团（4人）赴法国巴黎参加国际建协第5次代表会议，并当选国际建筑师协会副主席（中国建筑学会，《建筑学报》杂志社.中国建筑学会六十年[M].北京：中国建筑工业出版社，2013：29.）。会后访问了法国多个城市，并出席哈佛尔市市长刚思（Rene Cance）在市政厅举行的招待会，使中国的五星红旗第一次悬挂在大厅中，成为中法建交的前奏曲（吴景祥.怀念杨老[J].建筑学报，1983：21.）。

● 10月，赴意大利米兰参加三年展大会，并参观考察了都灵、罗马、那玻利邦贝、美特拉、佛罗伦萨、威尼斯等市，前后共20天。["1957年10月赴意大利考察汇报提纲".东南大学档案馆.杨廷宝文集（未刊）]

● 10月30日，撰写1957年8月19日—24日出席在西柏林召开的国际建协执行委员会会议及居住建筑委员会会议情况（中国建筑学会综合部提供）

● 11月11日，出席中国建筑学会扩大常务理事会，讨论有关厂矿职工住宅设计竞赛事宜。（中国建筑学会，《建筑学报》杂志社.中国建筑学会六十年[M].北京：中国建筑工业出版社，2013：30.）

1958 年（57 岁）

• 1 月 11 日，出席中国建筑学会第二届第六次常务理事会议，讨论国际交流等活动。（中国建筑学会，《建筑学报》杂志社 . 中国建筑学会六十年 [M]. 北京：中国建筑工业出版社，2013：30.）

• 2 月 11 日，出席中国建筑学会第二届第七次常务理事会议，讨论全国厂矿职工住宅设计竞赛评选工作。（中国建筑学会，《建筑学报》杂志社 . 中国建筑学会六十年 [M]. 北京：中国建筑工业出版社，2013：30.）

• 是月，参加在北京举行的"全国厂矿职工住宅设计竞赛"评选座谈会和试评工作。（中国建筑学会，《建筑学报》杂志社 . 中国建筑学会六十年 [M]. 北京：中国建筑工业出版社，2013：28.）

• 4 月 23 日—29 日，出席在北京召开的中国建筑学会第二届全国理事第二次扩大会议，讨论学会工作"大跃进"问题，修改《会章》，增选理事等问题。（中国建筑学会，《建筑学报》杂志社 . 中国建筑学会六十年 [M]. 北京：中国建筑工业出版社，2013：30.）

• 6 月 3 日—5 日及下旬，分别在上海、北京主持建工部北京第一工业设计院、清华大学、同济大学应征莫斯科西南区试点住宅区国际设计竞赛方案选送研究工作。（中国建筑学会党组 5 月 25 日致南京工学院党委会请杨廷宝副理事长届期出席会议的信函）

• 6 月 30 日，在江苏省科学工作委员会、中国科学院江苏分院成立大会上，当选江苏省科学工作委员会委员。（《新华日报》1958 年 7 月 1 日第 01 版）

• 7 月 20 日—27 日，出席在莫斯科召开的第 5 届世界建筑师大会和执行局会议。（汪季琦 . 回忆杨廷宝二三事 [M]// 杨永生 . 建筑百家回忆录 . 北京：中国建筑工业出版社，2000：8.）

• 8 月，出席莫斯科第 5 届世界建筑师大会后，杨廷宝在北京接待智利建筑师代表团，并同游长城。（江苏省档案馆）

• 9 月，出席中华人民共和国科学技术协会第一次全国代表大会。（《建筑学报》1958 年第 11 期第 1 页）

• 11 月 7 日，带领建筑系部分师生赴北京参加国庆十周年"首都十大工程"之一北京站设计方案集体创作，并与北京工业建筑设计院合作进行施工图设计到次年。（张治中，杨德安 . 北京火车站设计回忆 [M]// 潘谷西 . 东南大学建筑系成立七十周年纪念专集 . 北京：中国建筑工业出版社，1997：175.）

• 参与北京人民大会堂方案设计讨论（陈植 . 怀念杨廷宝学长 [J]. 建筑学报，1983，4：

20）并被指定任设计顾问。（林宣. 超现实的师生关系与现实的师生情 [M]// 刘先觉. 杨廷宝先生诞辰一百周年纪念文集. 北京：中国建筑工业出版社，2001：42.）

1959 年（58 岁）

● 3 月 11 日，当选中华人民共和国第二届全国人民代表大会代表（《新华日报》1959 年 3 月 12 日第 03 版）

● 4 月 18 日—28 日，出席二届全国人大一次会议。（全国人民代表大会常务委员会办公厅. 中华人民共和国第二届全国人民代表大会名单）

● 5 月 18 日—6 月 4 日，参加由建工部和中国建筑学会在上海联合召开的"住宅建筑标准及建筑艺术座谈会"。（中国建筑学会，《建筑学报》杂志社. 中国建筑学会 60 年 [M]. 北京：中国城市出版社，2013：32）并就"对资本主义国家建筑的一些意见"和"对于建筑艺术问题的一些意见"发表两次讲话。[东南大学档案馆. 杨廷宝文集（未刊）]

● 6 月 10 日，在参加上海"住宅建筑标准及建筑艺术座谈会"后，应无锡城建局邀请，在时任局长季恺的陪同下，与建工部和中国建筑学会领导及梁思成游览锡惠公园。（常荣明. 无锡园林志（下册）[M]. 南京：凤凰出版社，2013：472-473.）

● 6 月 30 日，致信中国建筑学会，告之寄出有关参加上海"住宅建筑标准及建筑艺术座谈会"后，整理的两篇发言稿，并希望获悉何日赴京参加莫斯科居住建筑设计竞赛评选工作。（中国建筑学会综合部提供）

● 9 月 21 日—27 日，率中国建筑师代表团（5 人）出席在葡萄牙里斯本召开的国际建协第 6 次代表会议及执行局会议。（中国建筑学会，《建筑学报》杂志社. 中国建筑学会六十年 [M]. 北京：中国建筑工业出版社，2013：36.）

● 12 月 13 日，与茅以升[38]共同主持建筑学会、土木学会常务理事会议，讨论 1959 年工作总结和 1960 年工作规划。（中国建筑学会，《建筑学报》杂志社. 中国建筑学会六十年 [M]. 北京：中国建筑工业出版社，2013：36）

● 12 月 29 日，当选政协江苏省第二届委员会副主席。（《新华日报》1959 年 12 月 30 日第 01 版）

---

38 茅以升（1896—1989），江苏镇江人。1916 年毕业于西南交通大学，1919 年获美国康奈尔大学硕士学位，1919 年获美国卡耐基理工学院博士学位。回国后历任交通大学唐山工学院、中央大学教授，唐山大学校长，江苏水利厅厅长等职。1955 年当选中国科学院学部委员。

1960年（59岁）

● 1月，应广西壮族自治区政府邀请，作为建筑学会委派建筑专家组六位成员之一，赴桂林参加指导桂林城市规划工作。（王天骏.杨廷宝"文革"智救王秉忱.未刊文稿）

● 1月10日—17日，出席在广州召开的中国土木工程建筑学会第二次全国工作会议，并做总结报告。（中国建筑学会综合部档案）

● 3月19日—22日，参加"南京长江大桥桥头堡"应征方案讨论，并送交三个推荐方案，经改进后报送中央审批。5月，由周恩来总理选定南京工学院建筑系钟训正[39]教授的三面红旗方案为实施方案。（钟训正.忆往思今——记南京长江大桥桥头堡设计始末 [M]// 潘谷西.东南大学建筑系成立七十周年纪念专集.北京：中国建筑工业出版社，1997：177.）

● 3月30日—4月10日，出席二届全国人大二次会议。

● 5月出席国际建协在丹麦举行的执行局会议。（中国建筑学会《建筑学报》杂志社编著.中国建筑学会六十年.北京：中国建筑工业出版社，2013：37）

● 6月1日—11日，出席在北京举行的"全国文教群英会"。（杨廷宝.在红专大道上高歌猛进.南京工学院院刊）

● 7月4日，致信丹麦建协秘书长，告之来信和卡片未收到，现补寄卡片望查收，并打算9月1日或3日到哥本哈根，希帮助预定旅馆事宜。（中国建筑学会综合部提供）

● 8月18日，抵京出席建筑学会协商参加国际建协执委会事宜。（中国建筑学会档案室.国际工作日志.未刊）

● 8月19日—20日，应邀参加由中国建筑学会、中国土木工程学会举行的讨论南京长江大桥桥头堡建筑设计会议。（中国建筑学会，《建筑学报》杂志社.中国建筑学会六十年 [M].北京：中国建筑工业出版社，2013：37.）

● 8月30日，赴丹麦哥本哈根，出席9月5日—11日的国际建协执行委员会会议，并于15日返京。（中国建筑学会档案室.国际工作日志.未刊）

● 9月24日，撰写参加国际建协执行局会议工作报告。（中国建筑学会综合部提供）

● 10月22日，出席江苏省建筑学会欢迎波兰建筑师代表团访宁便宴。（《新华日报》1960年10月23日第04版）

---

39 钟训正，1929年生，湖南武冈人。1952年毕业于南京工学院建筑工程系。1954年任教于南京工学院（现东南大学）建筑系至今。1997年当选中国工程院院士。

● 11月1日，致信中国建筑学会，告之寄出给英国伦敦第6届世界建筑师大会一份文稿，请予审查是否可用，并附对方要求寄照片一张。（中国建筑学会综合部提供）

● 11月24日，致信英国皇家建筑师协会麦克埃文先生中文手稿，告之已寄上参加伦敦第6届世界建筑师大会所写文稿、一张照片，以及个人生平简历。学会审阅后，须翻译英文打字寄出。

1961年（60岁）

● 3月，任建工部建筑学教材编审委员会主任委员。（单踊.东南大学建筑系70年纪事[M]//潘谷西.东南大学建筑系成立七十周年纪念专集.北京：中国建筑工业出版社，1997：237.）

● 6月14日，发表《关于建筑风格问题》一文。（《光明日报》1961年6月14日）

● 6月29日—7月7日，出席在英国伦敦召开的第6届世界建筑师大会，被授予英国皇家建筑师协会名誉会员称号，并率中国建筑师代表团（4人）参加国际建协第7次代表会议，再度当选为副主席。（中国建筑学会，《建筑学报》杂志社.中国建筑学会六十年[M].北京：中国建筑工业出版社，2013：37.）

● 7月17日，参加国际建协第6届世界建筑师大会和第7次代表会议后，拜谒了马克思墓。（杨廷宝在马克思墓前留影并标注日期）

● 夏，赴徐州现场帮助解决淮海战役烈士纪念塔施工问题，并参与淮海战役纪念馆方案修改。（刘向东，吴友松.广厦魂[M].南京：江苏科学技术出版社，1986：146.）

● 8月8日，在中国建筑学会与中国土木工程学会举行的第三次常务理事会议上，报告参加第6届世界建筑师大会和国际建协第7次代表会议情况。（中国建筑学会，《建筑学报》杂志社.中国建筑学会六十年[M].北京：中国建筑工业出版社，2013：37.）

● 9月4日，参加中国建筑学会与中国土木工程学会举行的第四次常务理事会议，讨论召开年会的准备工作。（中国建筑学会，《建筑学报》杂志社.中国建筑学会六十年[M].北京：中国建筑工业出版社，2013：37.）

● 9月21日，父因患食管癌在南京病逝，享年84岁。骨灰葬于南京中华门外花神庙附近公墓。（丁淯清.杨鹤汀传略.南阳文史资料第六辑人物春秋第4页）

● 10月10日，出席江苏省暨南京市各界人士纪念辛亥革命五十周年晋谒孙中山先生陵墓仪式。（《新华日报》1961年10月11日第01版）

● 12 月 15 日—25 日，出席在湛江举行的中国建筑学会第三次会员代表大会，并当选第三届副理事长。（中国建筑学会，《建筑学报》杂志社.中国建筑学会六十年 [M].北京：中国建筑工业出版社，2013：39.）

1962 年（61 岁）

● 2 月 2 日，致信刘局长、谷秘书长、田主任，询问是否参加即将在比利时夏烈罗依举行的国际建协执行委员会年度例会，希及早考虑，以免临时措手不及，并告知例会议程和内容。附比方催中方是否与会函。（中国建筑学会综合部提供）

● 2 月中旬，在江苏省土木建筑学会成立大会期间，做"关于英国建筑、建筑材料和城市规划方面情况"的报告。（《新华日报》1962 年 2 月 16 日第 03 版）

● 3 月 27 日—4 月 6 日，出席二届全国人大三次会议。

● 4 月，考察河北蓟县独乐寺。（南京工学院建筑研究所.杨廷宝建筑言论选集 [M].北京：学术书刊出版社，1989：102.）

● 10 月 14 日，参加江苏省欢迎前来出席扩大的日内瓦会议的英国代表团代理团长马尔科姆·麦克唐纳先生访宁宴会。（《新华日报》1962 年 10 月 17 日第 01 版）

● 10 月 30 日，出席中国建筑学会第三届第二次常务理事会，讨论有关参加古巴吉隆滩胜利纪念碑设计竞赛方案及各专业委员会在 1963 年的全国性专业学术会议的安排。（中国建筑学会，《建筑学报》杂志社.中国建筑学会六十年 [M].北京：中国建筑工业出版社，2013：40.）

● 11 月 9 日，迎送应邀来我国参加中国人民庆祝伟大十月社会主义革命四十五周年活动的苏中友协代表团访宁，并出席宴会、联欢晚会。（《新华日报》1962 年 11 月 9 日、10 日第 01 版）

● 12 月，迎接苏联"列兹金卡"舞蹈团来宁公演，并观赏演出。（《新华日报》1962 年 12 月 7 日第 04 版）

● 12 月，《综合医院建筑设计》由卫生部主持科学技术鉴定会议审查定稿。（江德法，陈励先.综合医院建筑设计研究——记杨老倡导与主持的科研课题 [M]// 潘谷西.东南大学建筑系成立七十周年纪念专集.北京：中国建筑工业出版社，1997：185.）

1963 年（62 岁）

● 1 月上旬，出席教育部召开的教育会议。（中国建筑学会 1 月 7 日致教育部，转告参会本人速返南京做出国准备函）

● 1 月 28 日—2 月 19 日，率中国建筑师代表团抵达古巴哈瓦那，参加古巴建筑师全国代表大会，并进行友好访问。（《新华日报》1963 年 1 月 30 日第 4 版）

● 2 月 20 日—23 日，访问布拉格。（杨廷宝出访清单手迹）

● 2 月 23 日—3 月 15 日，访问瑞士。（杨廷宝出访清单手迹）并出席 2 月 25 日—3 月 1 日国际建协执行委员会会议。（中国建筑学会 1 月 7 日致教育部，转告参会本人速返南京做出国准备函）

● 3 月 15 日—4 月 6 日，访问开罗。（杨廷宝出访清单手迹）

● 4 月 6 日—4 月 10 日，访问莫斯科。（杨廷宝出访清单手迹）

● 4 月 17 日，返回北京。（杨廷宝出访清单手迹）

● 4 月 25 日，出席中国建筑学会第三次常务理事扩大会议，讨论当年年会准备工作。（中国建筑学会，《建筑学报》杂志社 . 中国建筑学会六十年 [M]. 北京：中国建筑工业出版社，2013：41.）

● 4 月 26 日，在中国建筑学会与北京土木建筑学会举办的学术会议上，做访问古巴等国的报告。（中国建筑学会，《建筑学报》杂志社 . 中国建筑学会六十年 [M]. 北京：中国建筑工业出版社，2013：41.）

● 9 月 8 日，出席中国建筑学会第三届第四次常务理事会，讨论 9 个专业委员会关于 1964 年全国性学术会议的规划等。（中国建筑学会，《建筑学报》杂志社 . 中国建筑学会六十年 [M]. 北京：中国建筑工业出版社，2013：41.）

● 9 月 13 日，随中国建筑师代表团（29 人）上午离京经苏联飞赴古巴，下午抵达莫斯科，并在中国驻苏联大使馆过夜。（中国建筑学会档案室 . 国际建协古巴第 7 届世界建筑师大会大事记）

● 9 月 14 日—19 日，因故在捷克布拉格停留，顺便参观哥特瓦尔德、伏契克、隆帕托斯莫等地，当夜离开布拉格。因飞机故障被迫停留爱尔兰沙努。（中国建筑学会档案室 . 国际建协古巴第 7 届世界建筑师大会大事记）

● 9 月 21 日，经加拿大甘德，于 22 日凌晨抵达古巴哈瓦那。（中国建筑学会档案室 . 国际建协古巴第 7 届世界建筑师大会大事记）

● 9 月 23 日—24 日，会前参加古巴西线旅行。（中国建筑学会档案室．国际建协古巴第 7 届世界建筑师大会大事记）

● 9 月 27 日—29 日上午，出席世界建筑师生会见大会（中国代表团教授 5 人、学生 4 人）。（中国建筑学会档案室．国际建协古巴第 7 届世界建筑师大会大事记）

● 9 月 28 日，参加执委会工作和"吉隆滩胜利纪念碑"设计国际竞赛评选工作。（中国建筑学会档案室．国际建协古巴第 7 届世界建筑师大会大事记）

● 9 月 29 日下午—10 月 4 日，出席古巴哈瓦那第 7 届世界建筑师大会。（中国建筑学会档案室．国际建协古巴第 7 届世界建筑师大会大事记）

● 10 月 6 日，由古巴前往墨西哥。（杨廷宝出访清单手迹）

● 10 月 9 日—12 日，率中国建筑师代表团（8 人）在墨西哥出席国际建协第 8 次代表会议。（中国建筑学会，《建筑学报》杂志社．中国建筑学会六十年 [M]．北京：中国建筑工业出版社，2013：41．）

● 10 月 19 日—11 月 5 日，率中国建筑师代表团（8 人）应邀访问巴西，由墨西哥飞往里约热内卢。（《新华日报》1963 年 10 月 23 日第 03 版）

● 11 月 17 日—12 月 3 日，参加中华人民共和国第二届第四次全国人民代表大会，并提交"降低建筑造价"书面发言。[东南大学档案馆．杨廷宝文集（未刊）]

● 12 月 10 日—20 日，在中国建筑学会 1963 年无锡年会上做专题报告。（《新华日报》1963 年 12 月 31 日第 02 版）

● 12 月 20 日，出席中国建筑学会第三届第五次扩大常务理事会，讨论通过了有关设计竞赛的组织问题，以及编写建筑工程知识丛书和修改《会章》条文等事项。（中国建筑学会，《建筑学报》杂志社．中国建筑学会六十年 [M]．北京：中国建筑工业出版社，2013：42．）

1964 年（63 岁）

● 1 月 30 日，接见苏联俄罗斯民间合唱团领导人，并观赏合唱团访宁最后一场演出。（《新华日报》1964 年 1 月 31 日第 03 版）

● 3 月 11 日，在家接待天津大学建筑系徐中介绍研究生布正伟、王乃香来访，指导二人毕业论文开题与撰写事宜。（布正伟．回忆 1964 年拜访梁思成和杨廷宝先生领受亲切教诲．北京：第 26 个"世界读书日"纪念活动暨"中国建筑图书评价（第二卷）"座谈会发言，

2021.4.23.）

● 4月11日—18日，带领建筑系潘谷西、钟训正、鲍家声赴北京参加长安街规划方案审核讨论会。会后和赵深、陈植、林克明、汪沛原五人被留下一周，与六家在京自定长安街规划方案的设计单位共同编制"综合方案"上报市委和中央。（刘亦师.1964年首都长安街规划史料辑供与研究 [J].北京规划建设，2019（05）59-69.）

● 4月19日，出席中国建筑学会第三届第六次常务理事会，研究讨论军委后勤部委托建筑学会征集医院设计方案，并确定参加评选委员会委员名单等事项。（中国建筑学会，《建筑学报》杂志社.中国建筑学会六十年 [M].北京：中国建筑工业出版社，2013：43.）

● 5月22日—6月10日，出席匈牙利布达佩斯国际建协执行局会议，讨论下届大会的准备情况和对建协会章修改的建议。并出席在匈牙利召开的国际建协第3届工业建筑讲习会。（中国建筑学会，《建筑学报》杂志社.中国建筑学会六十年 [M].北京：中国建筑工业出版社，2013：43.）

● 6月11日，从布达佩斯飞往柏林，参加国际建协城市规划委员会会议。（中国建筑学会，《建筑学报》杂志社.中国建筑学会六十年 [M].北京：中国建筑工业出版社，2013：43.）

● 8月12日，入选参加1964年北京科学讨论会中国科学家代表团。（《新华日报》1964年8月13日第03版）

● 8月21日—31日，参加1964年北京科学讨论会。（《建筑学报》1964年第9期第2页）

● 8月，《综合医院建筑设计》出版发行。（江德法，陈励先.综合医院建筑设计研究——记杨老倡导与主持的科研课题 [M]// 潘谷西.东南大学建筑系成立七十周年纪念专集.北京：中国建筑工业出版社，1997：185.）

● 9月6日，欢迎参加1964年北京科学讨论会的朝鲜科学代表团访宁。（《新华日报》1964年9月7日第01版）

● 9月27日，当选政协江苏省第三届委员会副主席。（《新华日报》1964年9月28日第01版）

● 10月7日—9日，迎送应邀来我国参加中华人民共和国成立十五周年庆祝活动后访宁的缅甸联邦政府代表团。（《新华日报》1964年10月8日第01版、10月10日第03版）

● 11月6日—8日，迎送应刘少奇主席邀请前来我国进行国事访问的阿富汗查希尔国王和王后访宁。（《新华日报》1964年11月7日第01版，11月9日第01版）

● 12月12日，当选中华人民共和国第三届全国人民代表大会代表。（《新华日报》

1964 年 12 月 13 日新华社北京十二日电）

●12 月 21 日—1965 年 1 月 4 日，出席第三届全国人民代表大会第一次会议。

1965 年（64 岁）

●1 月，出席全国人大会期间，与刘敦桢抽空到建工部教育局商谈工作，确定在人大会结束后召集部分在京的建筑学教材编审委员在教育局开一个座谈会，研究今后教材编审工作如何进行等问题。（王伯扬.忆杨老 [M]// 刘先觉.杨廷宝先生诞辰一百周年纪念文集.北京：中国建筑工业出版社，2001：80.）

●2 月 16 日，欢迎应邀前来我国参加庆祝中苏友好同盟互助条约签订十五周年活动的苏中友协代表团访宁，并出席欢迎宴会。（《新华日报》1965 年 2 月 17 日第 01 版）

●3 月 24 日，欢迎应陈毅副总理兼外交部部长的邀请前来我国访问的叙利亚访华友好代表团访宁，并出席欢迎宴会。（《新华日报》1965 年 3 月 25 日第 01 版）

●4 月 7 日，致信中国建筑学会，告知国际建协会刊第 34 期约稿，写就一篇经建筑系总支审阅过的《谈谈建筑教育》一文，请示该文是否合适。

●4 月 8 日—18 日，随南京工学院建筑系研究室人员赴武汉等地参观调研。（杨廷宝工作日记）

●7 月 5 日—10 日，出席国际建协在巴黎召开的第 8 届世界建筑师大会和国际建协第 9 次代表会议，并在国际建协的会刊上发表《关于我国的建筑教育》文章。（陈法青.忆廷宝 [M]// 刘向东，吴友松.广厦魂.南京：江苏科学技术出版社，1986：247.）

●7 月，在梁思成陪同下到清华大学建筑系建六班左家庄毕业设计现场视察。（清华大学建筑学院.匠人营国.北京：清华大学出版社，2006：87.）

●9 月 3 日，出席江苏省、南京市热烈庆祝抗日战争胜利二十周年大会。（《新华日报》1965 年 9 月 4 日第 01 版）

●9 月 5 日，迎接尼泊尔友好代表团，出席欢迎宴会。（《新华日报》1965 年 9 月 6 日第 01 版）

●9 月，由土木、建筑两系抽调教师成立南京工学院建筑设计院，兼任院长。（单踊.东南大学建筑系 70 年纪事 [M]// 潘谷西.东南大学建筑系成立七十周年纪念专集.北京：中国建筑工业出版社，1997：238.）

●11 月 9 日，迎接应邀前来我国参加庆祝伟大十月社会主义革命四十八周年活动并进

行友好访问的苏中友协代表团访宁。（《新华日报》1965年11月10日第04版）

● 12月，主持在苏州召开的《苏州古典园林》审稿会。（王伯扬.忆杨老 [M]// 刘先觉.杨廷宝先生诞辰一百周年纪念文集.北京：中国建筑工业出版社，2001：81.）

● 12月19日，出席政协江苏省委员会第五次会议、政协南京市委员会常务会第二次会议联席会议，讨论孙中山先生诞辰一百周年纪念筹备委员会南京分会组成人员名单，任副主任。（《新华日报》1965年12月21日第01版）

1966年（65岁）

● 3月21日—23日，出席在延安举行的中国建筑学会第四次代表大会，并当选副理事长。（中国建筑学会，《建筑学报》杂志社.中国建筑学会六十年 [M].北京：中国建筑工业出版社，2013：46.）

● 3月，主持在南京工学院召开的全国建筑学教材编审委员会扩大会议。（单踊.东南大学建筑系70年纪事 [M]// 潘谷西.东南大学建筑系成立七十周年纪念专集.北京：中国建筑工业出版社，1997：238.）

● 5月7日，参加江苏省委第一书记、政协江苏省委员会主席江渭清宴请来江苏和南京参观访问的李宗仁先生的宴会。（《新华日报》1966年5月19日第01版）

1967年（66岁）

● 8月5日，继母病逝，享年84岁。（杨廷寊著.八十忆往.未出版，第177页）

1971年（70岁）

● 赴扬州鉴真纪念堂工地指导施工。（《建筑创作》杂志社.建筑中国六十年事件卷.天津：天津大学出版社，2009：91.）

● 11月30日，上午在一系（建筑系，下同）讨论编写教材计划，并落实到人。（杨廷宝.工作日记.未刊）

● 12月4日—22日，为编写教材，携钟训正、姚自君二位教师赴南昌、广州、长沙、

武汉进行教学调研。（杨廷宝.工作日记.未刊）

● 12月31日，下午在一系讨论建筑设计课程教学计划。（杨廷宝.工作日记.未刊）

1972年（71岁）

● 1月6日，下午参加全院教学大纲及计划讨论，审定培养目标、课程设置、主干课与基础课区分等问题。（杨廷宝.工作日记.未刊）

● 1月15日，上午看英文教材稿，并参加素描水彩教材讨论。下午在大礼堂听刘树勋《学习元旦社论交流会》讲话。（杨廷宝.工作日记.未刊）

● 3月，受周恩来总理指定，担任国务院建筑设计专家组组长，并带团巡视原建工部所辖五大部建筑设计院在"文革"期间知识分子被整状况，为"拨乱反正、落实政策"进行检查工作。（王天骏.杨廷宝"文革"智救王秉忱.未刊文稿）

● 4月，为《人民日报》撰写"关于建筑的发展方向问题"文稿。[东南大学档案馆.杨廷宝文集（未刊）]

● 5月，主持、指导设计南京民航候机楼。（南京工学院建筑研究所.杨廷宝建筑设计作品集[M].北京：中国建筑工业出版社，1983：212.）

● 6月17日，在国家建委论证广州车站、展览馆、东方旅馆、华侨旅馆、黄花岗旅馆等工程项目的方案设计、面积指标、造价等问题。（杨廷宝.工作日记.未刊）

● 6月19日，上午进一步论证展览馆设计问题。下午论证旅馆设计问题。（杨廷宝.工作日记.未刊）

● 6月21日，晚请庄则栋介绍国外旅馆的标准、设施、标配、管理、服务等情况。（杨廷宝.工作日记.未刊）

● 7月5日，上午从福州乘火车赴杭州。（杨廷宝.工作日记.未刊）

● 7月6日，上午听取任国允介绍杭州机场候机大楼建设情况。（杨廷宝.工作日记.未刊）

● 7月7日，上午继续听取杭州候机大楼结构、设备情况。（杨廷宝.工作日记.未刊）

● 7月8日，上午参观灵隐寺、岳庙。下午赴上海。（杨廷宝.工作日记.未刊）

● 7月9日，上午参观上海虹桥机场候机楼，并听取使用情况介绍。（杨廷宝.工作日记.未刊）

● 7月10日，下午到江苏省建筑设计院了解南京民航候机楼施工图设计情况。（杨廷

宝．工作日记．未刊）

●8月14日，任南京工学院革命委员会委员、常委、副主任。（《关于杨廷宝同志任职的批复》中国江苏省委苏委复〔1972〕44号）

●8月，率中国建筑师代表团（6人）参加在保加利亚召开的瓦尔纳国际建协第11届世界建筑师大会和在索菲亚召开的国际建协第12次代表会议。（中国建筑学会，《建筑学报》杂志社．中国建筑学会六十年 [M]．北京：中国建筑工业出版社，2013：47．）

●10月7日，率领中国建筑学会代表团，在参加了国际建协第12次代表会议后，离开索菲亚回国。（《新华日报》1972年10月9日第04版）

●11月，参加江苏省、市建委"建筑材料座谈会"并作"建筑材料"专题讲话。（南京工学院建筑研究所．杨廷宝建筑言论选集 [M]．北京：学术书刊出版社，1989：22．）

●11月11日，上午在一系讨论南京体育馆工程项目选址问题。（杨廷宝．工作日记．未刊）

●11月12日，参加江苏省革命委员会在中山陵举行的纪念孙中山先生诞辰106周年谒陵仪式。（《新华日报》1972年11月13日第01版）

●11月21日，在一系进一步讨论南京市体育馆选址问题，最终倾向选定在五台山。（杨廷宝．工作日记．未刊）

●11月25日，下午讨论南京民用候机楼造价问题。（杨廷宝．工作日记．未刊）

●12月11日，在南京丁山宾馆讨论装饰材料、家具事宜。（杨廷宝．工作日记．未刊）

●12月12日，上午参加院办公会议，听取校办工厂服务产、学、研及医院计划生育工作汇报。（杨廷宝．工作日记．未刊）

●12月13日，上午巡查图书馆管理问题，并到五系（土木工程系）了解教学、招生、师资及其与设计院、一系的体制关系问题。（杨廷宝．工作日记．未刊）

●12月14日，上午与院革命生产小组史维琪、卜世珍、沈国尧讨论设计院、一系、五系之间党政体制关系问题，并了解外接工程项目设计内容。（杨廷宝．工作日记．未刊）

●12月15日，听取沈国尧去清华、天大、同济调查各校办设计院经验，提出本院设计院建制、任务、人员编制等设想。（杨廷宝．工作日记．未刊）

●12月18日，下午听取负责建筑学专业教学工作的齐康汇报调查华南工学院建筑系、清华大学建筑系教学工作情况。（杨廷宝．工作日记．未刊）

●12月19日，参加院工作会议。讨论工厂房屋调整及人员调配问题，以及军宣队分批撤离善后事宜。院党委书记刘忠德指出，设计院的现状与体制一定要改变。行政属于院，

组织一个领导班子，下设一系和五系 2 个设计室，专业与设计室密切配合，教学与实习相结合。（杨廷宝．工作日记．未刊）

● 12 月 20 日，听取施工队工程汇报。（杨廷宝．工作日记．未刊）

1973 年（72 岁）

● 1 月 5 日，参加院办公会议。讨论去农场劳动各系人员分配人数，时间安排。并就元旦社论学习、四防工作、复习考试、冬季锻炼、群众生活、拥军优属等诸问题进行安排。（杨廷宝．工作日记．未刊）

● 1 月 16 日，参加院办公会议。布置各单位当前工作。（杨廷宝．工作日记．未刊）

● 1 月 17 日，参加院办公会议。明确学校以教学为主，教师不要作为劳动力。（杨廷宝．工作日记．未刊）

● 1 月 22 日，上午听取杜俊仪、邹季萍、赵少玲关于学生工作汇报。下午参加院办公会议，听取燕壮烈传达文教局"四五规划会议"精神。（杨廷宝．工作日记．未刊）

● 1 月 23 日，上午参加青年工作组传达院决定，执行省委规定除个别特殊情况（在不影响教学情况下，距离较近的，家里确有特殊情况的），2 月 2 日至 6 日放春节假外，一律不准假，要有组织、有纪律地过一个革命化的寒假，进行教育改革。（杨廷宝．工作日记．未刊）

● 1 月 24 日，上午跑一、五、二、八、三、六系，下午去四系通知二事：1.抓紧学习，学员请假由系决定。（杨廷宝．工作日记．未刊）

● 1 月 25 日，下午参加南京民航候机楼工程会议，讨论施工进度、建材、装修问题。（杨廷宝．工作日记．未刊）

● 1 月 28 日，参加全省基建工作会议。（杨廷宝．工作日记．未刊）

● 3 月 12 日，参加江苏省和南京市各界人士在中山陵举行的纪念孙中山先生逝世 48 周年谒陵仪式。（《新华日报》1973 年 3 月 13 日第 01 版）

● 4 月，与童寯携齐康、钟训正、吴明伟等中青年教师考察安徽省采石太白楼。（吴明伟摄影记录）

● 5 月 9 日—11 日，迎送墨西哥已故前总统卡德纳斯的夫人访宁，并出席宴会。（《新华日报》1973 年 5 月 12 日第 04 版）

● 6 月 18 日—7 月 18 日，率中国建筑工程技术代表团（8 人）应日本国际贸易促进协会和日本建设业团体联合会邀请，前往日本进行友好访问。（《新华日报》1973 年 6 月 18 日第 04 版）（中国建筑学会，《建筑学报》杂志社 . 中国建筑学会六十年 [M]. 北京：中国建筑工业出版社，2013：47.）

● 7 月 19 日—24 日，结束率团访日之后，赴香港考察。（杨廷宝出访清单手迹）

● 8 月，访日归来向国家文物局撰写"日本对古建筑的保护修缮和文物的重视"汇报提纲。[东南大学档案馆 . 杨廷宝文集（未刊）]

● 8 月 15 日—9 月 2 日，参加由中央文化部文物局组织的考察团（15 人），赴山西省考察六个市县 34 处古建筑遗构。（刘叙杰 . 脚印 履痕 足音 [M]. 天津：天津大学出版社，2009：49.）

● 9 月 3 日—11 日，赴北京参加中国建筑学会会议、建研院座谈会、参观香港建材展览，与中国建筑工业出版社联系《综合医院建筑设计》再版事宜等。（刘叙杰 . 脚印 履痕 足音 [M]. 天津：天津大学出版社，2009：138.）

● 11 月 12 日，参加江苏省和南京市各界人士在中山陵举行的纪念孙中山先生诞辰 107 周年谒陵仪式。（《新华日报》1973 年 11 月 13 日第 01 版）

1974 年（73 岁）

● 1 月 12 日—13 日，迎送日本自民党政党政治研究会访华团来宁，并出席欢迎宴会。（《新华日报》1974 年 1 月 14 日第 03 版）

● 1 月，据卫生部建议，对《综合医院建筑设计》一书进行修编补充，为此重组"编写组"。（江德法，陈励先 . 综合医院建筑设计研究——记杨老倡导与主持的科研课题 [M]// 潘谷西 . 东南大学建筑系成立七十周年纪念专集 . 北京：中国建筑工业出版社，1997：187.）

● 2 月，发表《从建筑方面谈一点中日关系》文章。（《人民日报》日文版，1974 年 2 月）

● 2 月 20 日，时值 1973 年 7 月 8 日率团访日期间参观奈良唐招提寺时，该寺长老律宗八十一世管长森本孝顺听说中国扬州正在建造平山堂鉴真纪念馆时，将该寺五彩画册赠予扬州平山堂鉴真纪念馆作为纪念。为此附书写说明此画册之由来存内。（杨士英提供）

● 3 月 12 日，参加江苏省和南京市各界人士在中山陵举行的纪念孙中山先生逝世四十九周年谒陵仪式。（《新华日报》1974 年 3 月 13 日第 01 版）

● 3 月 18 日—29 日，率重组《综合医院建筑设计》编写组全体成员赴安徽合肥、蚌埠、巢县等地参观、调研医院建筑。（1974 年 3 月 30 日杨廷宝致中国建筑工业出版社王伯扬信）

● 3月30日，致信王伯扬。向中国建筑工业出版社汇报《综合医院建筑设计》一书撰写进展情况，并担心处在文革运动时期，该书文字措辞如何把握分寸尚无心中有底，希给予示知。（王伯扬提供）

● 5月28日，致信张致中（时任扬州市基建局副局长兼扬州市建筑设计室主任，1979年任南京工学院建筑系主任）。询问扬州平山堂鉴真纪念馆工程进展是否完工，何时开幕？拟将日本奈良唐招提寺律宗八十一世管长森木孝顺赠送中国工程技术代表团的该寺五彩画册巨卷转交给该馆陈列保留。（杨世英提供）

● 8月8日，致信王伯扬，告之《综合医院建筑设计》已寄出二、三、八章书稿，请予审核。并提出诸如卫生部、建委社区院建筑的定额、规范尚未公布难有设计依据，以及相纸奇缺可否做为手绘墨线图等相关事宜。（王伯扬提供）

● 10月10日—11日，迎送日中友协（正统）代表团访宁，并出席欢迎宴会。（《新华日报》1974年10月12日第04版）

● 11月12日，参加江苏省和南京市各界人士在中山陵举行的纪念孙中山先生诞辰108周年谒陵仪式。（《新华日报》1974年11月13日第04版）

● 11月27日，致信王伯扬。告知收到两册规范书。并通知王将于12月2日赴北京参加建研院"研究建筑领域儒法斗争座谈会"，期间希与王细谈。（王伯扬提供）

● 12月3日，赴北京建筑研究院参加"研究建筑领域儒法斗争座谈会"。（1974年11月27日杨廷宝致中国建筑工业出版社王伯扬信）

1975年（74岁）

● 1月13日—17日，出席第四届全国人民代表大会一次会议，并撰写"从事建筑设计五十年"观感文稿。[东南大学档案馆.杨廷宝文集（未刊）]

● 2月5日，致信王伯扬，告知已将《综合医院建筑设计》第四、五、六章及第八章（部分设备）初编寄出，请予审校。（王伯扬提供）

● 3月12日，参加江苏省和南京市各界人士举行中山陵谒陵仪式，隆重纪念孙中山先生逝世五十周年。（《新华日报》1975年3月14日第04版）

● 4月21日—29日，携教师黄伟康赴北京参加北京图书馆（现国家图书馆）新馆方案设计预备会议。（杨廷宝.工作日记.未刊）

● 5月4日，参观故宫。（杨廷宝.工作日记.未刊）

● 5月28日—30日，迎送墨西哥政府教育代表团访宁，并出席欢迎宴会。（《新华日报》1975年6月1日第03版）

● 9月5日—23日，参加北京图书馆新馆方案设计第一次设计工作会议，10日向大会介绍设计方案，会后在此方案基础上组成五人（杨廷宝、戴念慈[40]、张镈[41]、黄远强[42]、吴良镛）设计小组。（国家图书馆胡建平2015年7月提供信息）

● 11月12日，参加江苏省和南京市各界人士在中山陵举行的纪念孙中山先生诞辰一百零九周年谒陵仪式。（《新华日报》1975年11月13日第04版）

● 12月，参加在苏州召开的刘敦桢[43]著《苏州古典园林》书稿审定会议。（杨永生.建筑百家回忆录续编.北京：知识产权出版社、中国水利水电出版社，2003：129.）

● 12月22日—29日，参加北京图书馆新馆方案设计第二次设计工作会议。（国家图书馆胡建平2015年7月提供信息）

1976年（75岁）

● 1月，视察江苏连云港城市规划，并作"对江苏省连云港城市规划的意见"讲话。（南京工学院建筑研究所.杨廷宝建筑言论选集[M].北京：学术书刊出版社，1989：65.）

● 3月12日，参加江苏省和南京市各界人士在中山陵举行的纪念孙中山先生逝世五十一周年谒陵仪式。（《新华日报》1976年3月13日第04版）

● 4月8日—12日，参加北京图书馆新馆方案设计第三次工作会议。（国家图书馆胡建平2015年7月提供信息）

● 10月，赴京参加毛主席纪念堂设计集体创作。（张锦秋谈话录.名人谈杨廷宝及其他.《建筑师》第72期：第79页）

● 10月，《综合医院建筑设计》新版修编，并出版发行。（江德法，陈励先.综合

---

40 戴念慈（1920—1991），江苏无锡人。1942年毕业于国立中央大学建筑工程系，并留校任教两年。1944—1950年先后在重庆、上海从事设计工作。1950年后，曾任中共中央直属机关办事处室主任、建筑工程部设计院主任工程师、总建筑师，城乡建设环境保护部副部长，中国建筑学会理事长，中国工程院院士。

41 张镈（1911—1999）山东无棣人。1930年入东北大学建筑系，1934年毕业于国立中央大学建筑工程系。同年加入基泰工程司达17年。中华人民共和国成立后任北京建筑设计院总建筑师至病逝。

42 黄远强，广东中山人。1946年毕业于重庆大学工学院建筑系，后留校任助教。中华人民共和国成立后历任广东省建筑设计院总建筑师、副院长等职。

43 刘敦桢（1897—1968），湖南新宁人。1921年毕业于东京高等工业学校建筑科。历任苏州工专建筑科、中央大学、南京工学院教授、系主任等职。1955年当选中国科学院学部委员。

医院建筑设计研究——记杨老倡导与主持的科研课题 [M]// 潘谷西 . 东南大学建筑系成立七十周年纪念专集 . 北京：中国建筑工业出版社，1997：187.）

1977 年（76 岁）

● 2 月 5 日，致信王伯扬，转告卫生部计划财务司刘局长关于编撰《综合医院建筑设计》6 条参考意见。（王伯扬提供）

● 3 月 12 日，参加江苏省暨南京市各界人士在中山陵举行的纪念孙中山先生逝世五十二周年谒陵仪式。（《新华日报》1977 年 3 月 13 日第 01 版）

● 3 月 18 日—20 日，迎送西萨摩亚立法议会代表团访宁，并出席欢迎宴会。（《新华日报》1977 年 3 月 19 日第 01 版，3 月 21 日第 04 版）

● 7 月 8 日，欢迎由菲律宾总统的女儿埃米·马科斯小姐和由她率领的菲律宾青年社团联合会领导人代表团访宁，并出席欢迎宴会。（《新华日报》1977 年 7 月 9 日第 04 版）

● 9 月 21 日，在北京参加巫敬桓同志的追悼会。（巫加都 . 建筑依然在歌唱——忆建筑师巫敬桓、张琦云 [M]. 北京：中国建筑工业出版社，2016：311.）

● 10 月 2 日—3 日，迎送罗马尼亚人民友好代表团访宁，并出席欢迎宴会。（《新华日报》1977 年 10 月 3 日第 02 版，10 月 4 日第 02 版）

● 10 月 9 日—10 日，欢迎喀麦隆联合共和国总统阿赫马杜·阿希乔访宁，并出席欢迎宴会。（《新华日报》1977 年 10 月 10 日第 01 版）

● 10 月 26 日—11 月 2 日，应邀出席南京市科技战线先进集体、先进工作者代表会议。（《新华日报》1977 年 11 月 5 日第 01 版）

● 11 月 18 日—12 月 22 日，率中国高等教育代表团（10 人）离京赴美访问。（《新华日报》1977 年 11 月 20 日第 03 版）（杨廷宝出访清单手迹）

1978 年（77 岁）

● 1 月 4 日，致信汪定曾。忆随行一众同游桂林叠彩山，共读朱德总司令和徐特立二老刻在悬崖上两首诗，兴致所至，亦共续诗一首，附录于此，以资一笑。（杨永生编 . 建筑百家书信集 [M]. 北京：中国建筑工业出版社，2000：61.）

● 1 月 8 日，当选政协江苏省第四届委员会副主席。（《新华日报》1978 年 1 月 9 日

● 2 月 27 日，当选中华人民共和国第五届全国人民代表大会代表。（《新华日报》1978 年 2 月 28 日第 03 版）

● 2 月 26 日—3 月 5 日，出席第五届全国人民代表大会第一次会议。

● 3 月 12 日，参加江苏省和南京市各界人士在中山陵举行的纪念孙中山先生逝世五十三周年谒陵仪式。（《新华日报》1978 年 3 月 13 日第 01 版）

● 3 月 18 日，出席首届全国科学大会。（《新华日报》1978 年 3 月 19 日第 01 版）

● 是月，《综合医院建筑设计》获首届全国科学大会重大贡献奖。（江德法，陈励先.综合医院建筑设计研究——记杨老倡导与主持的科研课题 [M]// 潘谷西.东南大学建筑系成立七十周年纪念专集.北京：中国建筑工业出版社，1997：187.）

● 4 月 21 日—5 月 5 日，参加在江苏省美术馆举办的南京工学院八名教师"水彩画展览"。（《新华日报》1978 年 4 月 24 日第 02 版）

● 5 月 11 日上午，接见朝鲜民主主义人民共和国友好参观团访问南京工学院。（《新华日报》1978 年 5 月 13 日第 04 版）

● 5 月 11 日下午，出席江苏省科学大会。（《新华日报》1978 年 5 月 13 日第 01 版）

● 5 月 14 日，在江苏省科学大会上作"走向公元二〇〇〇年的春天"的发言。（《新华日报》1978 年 5 月 16 日第 03 版）

● 6 月 15 日—16 日，应铁道部邀请，由广州至上海参加上海市北站新方案和苏州新车站方案的讨论和审查会议。（6 月 14 日杨廷宝致建筑系办公室信）

● 6 月 18 日—23 日，应浙江省委邀请，赴杭州讨论杭州城市规划和旅游宾馆等工程设计方案。（杨廷宝致建筑系办公室信）

● 7 月 30 日，致信杨永生。告知杨永生询问的一幅小速写名称为故宫钦安殿后面的承光门。（中国建筑工业出版社提供）

● 8 月，与江苏省美术馆美术家座谈，并作"谈点建筑与雕刻"讲话。（《建筑师》第一期）

● 8 月 31 日—9 月 1 日，出席中国建筑学会常务理事扩大会议，讨论筹备召开中国建筑学会第五次代表大会和年会问题。（中国建筑学会，《建筑学报》杂志社.中国建筑学会六十年 [M].北京：中国建筑工业出版社，2013：52.）

● 9 月 8 日，重访北京和平宾馆（齐康记述.杨廷宝谈建筑 [M].北京：中国建筑工业出版社，1991：1.）

● 9 月，访问清华大学建筑系（清华大学建筑学院.匠人营国.北京：清华大学出版社，

2006：113.）

● 9月17日，出席江苏省第九届运动会开幕式。（《新华日报》1978年9月18日第01版）

● 9月21日，致信杨廷寘。告知近来体检查出眼底出血，被医生勒令住院一月有余。出院即赴京出席全国人代会，又告知在京去二弟廷宾家做客，及与在京家人见过面。（杨廷寘提供）

● 参观平山堂鉴真纪念馆题词："唐代佛教盛世扬州大明禅寺说法普渡众生博学鉴真大师六次涉险重洋终于到达奈良医药雕刻造福中日双方"书法。（江苏档案馆提供）

● 9月30日，出席江苏省和南京市在南京人民大会堂举行的庆祝建国29周年联欢会。（《新华日报》1978年10月1日第03版）

● 10月22日，出席中国建筑学会建筑创作委员会南宁会议。（中国建筑学会，《建筑学报》杂志社．中国建筑学会六十年[M].北京：中国建筑工业出版社，2013：54.）

● 11月12日，参加江苏省和南京市各界人士在中山陵举行的纪念孙中山先生诞辰一百一十二周年谒陵仪式。（《新华日报》1978年11月13日第04版）

● 11月，与刘光华教授、汪定曾总工等人在桂林参观并做报告，返宁手书诗稿赠予时任桂林市建筑设计院院长孙礼恭。（杨廷宝致汪定曾信）

● 11月，在安徽省铜陵市做"漫谈建筑动态"学术报告。[东南大学档案馆．杨廷宝文集（未刊）]

● 12月5日，赴广州开会，期间参观农民运动讲习所。（江苏省档案馆资料）

● 12月，接待来访的美籍华人建筑师贝聿铭先生。（《建筑创作》杂志社．建筑中国六十年事件卷[M].天津：天津大学出版社，2009：105.）

● 12月21日，出席中国建筑学会常务理事扩大会议，听取传达中国科协第一届全国委员会第二次扩大会议精神，1978年学会工作情况及1979年活动计划。（中国建筑学会，《建筑学报》杂志社．中国建筑学会六十年[M].北京：中国建筑工业出版社，2013：53.）

● 12月25日，主持省政协、南京市政协联合举行的"纪念毛主席诞辰八十五周年"集会。（《新华日报》1978年12月27日第01版）

1979年（78岁）

● 2月，在上海市园林局座谈会上发表"整修上海古漪园的意见"。（南京工学院建筑研究所．杨廷宝建筑言论选集[M].北京：学术书刊出版社，1989：115.）

● 3月12日，参加江苏省和南京市各界人士在中山陵举行的纪念孙中山先生逝世五十四周年谒陵仪式。（《新华日报》1979年3月13日第04版）

● 4月1日—5日，出席中国建筑学会在杭州召开的第四届第三次常务理事会扩大会议，讨论落实政策、拨乱反正，召开第五次代表大会的准备工作等问题。（中国建筑学会，《建筑学报》杂志社.中国建筑学会六十年[M].北京：中国建筑工业出版社，2013：55.）

● 4月6日，在杭州城市规划讨论会上做"风景的城市 入画的建筑"发言。（齐康记述.杨廷宝谈建筑[M].北京：中国建筑工业出版社，1991：51.）

● 5月中旬，出席江苏省土建学会年会，联名发出呼吁："立即采取有力措施保护古建筑"。当选省土建学会名誉理事长。（《新华日报》1979年5月21日第02版）

● 5月16日，应徐州市革命委员会的邀请，参加徐州市城市建设规划讨论会，并实地考察徐州城市建设。（《新华日报》1979年5月23日第01版）

● 5月22日，在徐州市城市规划建设讨论会上做"漫游世界谈几个城市的见闻和感想"学术报告。[东南大学档案馆.杨廷宝文集（未刊）]，（《新华日报》1979年5月23日第01版）

● 6月18日—7月1日，出席五届全国人大第二次会议。

● 7月13日，为79届毕业生做临别赠言报告。（齐康记述.杨廷宝谈建筑[M].北京：中国建筑工业出版社，1991：7.）

● 初夏，指导设计上海南翔古漪园逸野堂。（南京工学院建筑研究所.杨廷宝建筑设计作品集[M].北京：中国建筑工业出版社，1983：217.）

● 8月18日，出席江苏省欢迎澳大利亚维多利亚政府代表团访宁宴会。（《新华日报》1979年8月19日第01版）

● 9月5日，在江苏省、市建委座谈会上做"城市规划与建设"讲话。（《城市规划》1979年第5期第6页）

● 9月7日—25日，应邀赴福建省福州、泉州、漳州、厦门四城市参观、游览并考察武夷山风景区，受到省委书记伍洪祥以及地、市、县各级领导接待。听取拟建中的华侨大厦和这些城市的规划介绍，结合城市建设旅游做了学术报告，并应省土建学会之约举行了座谈会，沿途发表了很多重要讲话。[东南大学档案馆.杨廷宝文集（未刊）]

● 10月1日，出席江苏省欢迎卢森堡大公让和夫人殿下访宁宴会。（《新华日报》1979年10月2日第01版）

● 10月，主持设计江苏泰兴市杨根思烈士陵园。（泰兴市档案馆）

● 10 月 29 日，赴江苏溧阳，参加省建委组织的震后规划与建设讨论会。（齐康记述．杨廷宝谈建筑 [M]．北京：中国建筑工业出版社，1991：23．）

● 11 月 12 日，致信王瑞珠。阅王瑞珠建筑理论巨著《建筑哲学》后，复信予以肯定、鼓励与佩服，并对建筑作品起决定作用的因素提出个人见解，以供参考。（王瑞珠提供）

● 11 月 12 日，参加江苏省和南京市各界人士在中山陵举行的纪念孙中山先生诞辰一百一十三周年谒陵仪式。（《新华日报》1979 年 11 月 13 日第 04 版）

● 11 月，参加江苏省苏州市总体规划讨论会，并做"对苏州城市园林风景旅游规划的意见"报告。（东南大学建筑研究所．杨廷宝建筑言论选集 [M]．北京：学术书刊出版社，1989：78．）

● 12 月 22 日，参加刘敦桢先生平反追悼大会。（刘叙杰．脚印 履痕 足音 [M]．天津：天津大学出版社，2009：40．）

● 12 月 24 日，当选江苏省第五届人大二次会议主席团成员。（《新华日报》1979 年 12 月 25 日第 01 版）

● 12 月 30 日，当选江苏省人民政府副省长。（《新华日报》1979 年 12 月 31 日第 05 版）

● 南京工学院建筑研究所成立，任所长。（单踊．东南大学建筑系 70 年纪事 [M]// 潘谷西．东南大学建筑系成立七十周年纪念专集．北京：中国建筑工业出版社，1997：238．）

● 任《中国大百科全书·建筑、园林、城市规划》编委会主任。（赖德霖．近代哲匠录——中国近代重要建筑师、建筑事务所名录 [M]．北京：中国水利水电出版社，知识产权出版社，2006：171．）

● 与吴良镛等人应邀参加合肥中国科技大学新校舍选址会议。会上独排众议所提在原址上调整插建以节省资金的建议获得采纳。（吴良镛．序 [M]// 东南大学建筑研究所．杨廷宝建筑言论选集．北京学术书刊出版社，1989．）

● 致信孙礼恭，叙同游桂林叠彩山有感，赋手书诗一首，奉上以资纪念。（江苏省档案馆提供）

1980 年（79 岁）

● 3 月 12 日，率出席中国科协第二次全国代表大会的江苏省代表团（46 人）赴京。（《新华日报》1980 年 3 月 13 日第 02 版）

● 3 月 27 日，当选中国科学技术协会第二届全国委员会委员。（《新华日报》1980

年 3 月 28 日第 04 版）

● 4 月 10 日，为奚树祥留美写英文推荐信。（奚树祥提供）

● 4 月 13 日，出席江苏省省长惠浴宇欢迎日本大阪府友好访华代表团访宁宴会。（《新华日报》1980 年 4 月 14 日第 01 版）

● 5 月，参加江苏镇江市总体规划讨论会，并做"旧城市改造与城市面貌"讲话。（东南大学建筑研究所.杨廷宝建筑言论选集 [M].北京：学术书刊出版社，1989：85.）

● 5 月 28 日—6 月 2 日，出席中国建筑学会在泰安召开的第四届第四次常务理事扩大会议，集中讨论第五次全国会员代表大会筹备工作（中国建筑学会，《建筑学报》杂志社.中国建筑学会六十年 [M].北京：中国建筑工业出版社，2013：55.）。并应泰安地区领导邀请参加泰安游览区规划讨论会，否定了当地部门提出的在泰山正面建缆车索道的方案（曾坚.修索道是泰山现代化的象征吗？ [M]// 杨永生.建筑百家回忆录.北京：中国建筑工业出版社，2000：75.）。

● 7 月 6 日，会见并宴请冰岛雷克雅未克市友好代表团。（《新华日报》1980 年 7 月 8 日第 04 版）

● 8 月 7 日—12 日，再次出席泰山旅游规划会议，提出索道改线建议以保护泰山十八盘正面景观。（中国建筑学会，《建筑学报》杂志社.中国建筑学会六十年 [M].北京：中国建筑工业出版社，2013：55.）

● 8 月 26 日，赴京出席五届全国人大第三次会议。（江苏省人大常委会办公厅致杨廷宝代表参会通知——东南大学档案馆）

● 8 月 30 日—9 月 10 日，出席五届全国人大第三次会议，并提交"兴建旅游旅馆应以自力更生，争取外资为辅"案（中华人民共和国第五届全国人民代表大会第三次会议提案及审查意见（一至五），1980 年 09 月第 1 版第 982 页）

● 10 月 11 日，参加南京清凉山公园规划设计座谈会，对清凉山公园的规划与茶社、崇正书院、清凉寺的建设提出建议。（刘向东，吴友松.广厦魂 [M].南京：江苏科学技术出版社，1986：185.）

● 10 月 18 日—27 日，出席在北京召开的中国建筑学会第五次全国会员代表大会，当选理事长。（中国建筑学会，《建筑学报》杂志社.中国建筑学会六十年 [M].北京：中国建筑工业出版社，2013：57.）

● 11 月 12 日，参加江苏省和南京市各界人士在中山陵举行的纪念孙中山先生诞辰一百一十四周年谒陵仪式。（《新华日报》1980 年 11 月 13 日第 04 版）

● 11 月底,带领南京工学院师生参加由福建省建委召开的"武夷山风景区规划座谈会",并作"武夷山风景区规划与建设"和"风景区规划的理想与现实"两次讲话。（南京工学院建筑研究所.杨廷宝建筑言论选集 [M].北京：学术书刊出版社，1989：118、122.）

1981 年（80 岁）

● 2 月 18 日，出席中国建筑学会第五届第四次常务理事会议，通过了学术工作委员会委员和《建筑学报》编辑委员会委员名单。（中国建筑学会，《建筑学报》杂志社.中国建筑学会六十年 [M].北京：中国建筑工业出版社，2013：58.）

● 2 月，致信杨廷寀。致春节问候，顺叙年前赴福建武夷山一游的感受。（杨廷寀提供）

● 3 月，《杨廷宝水彩画选》由中国建筑工业出版社出版发行。（《新华日报》1981 年 3 月 10 日第 01 版）

● 3 月，应邀在河南省建筑学会第三届第二次理事扩大会上做题为"谈谈建筑业的发展问题"报告。（《中州建筑》1981 年第 1 期第 61 页）

● 3 月 30 日为奚树祥打印留美攻读博士学位英文推荐信。（奚树祥提供）

● 4 月 10 日，出席江苏省欢迎瑞典首相费尔丁和夫人宴会作陪。（《新华日报》1981 年 4 月 11 日第 01 版）

● 4 月 13 日—19 日，在南京参加"雨花台烈士陵园纪念碑"设计竞赛评选，任评委会主任委员。（《建筑学报》1981 年第 8 期第 50 页）

● 4 月 15 日，出席江苏省科协第二次代表大会开幕式，并致开幕词。（《新华日报》1981 年 4 月 16 日第 01 版）

● 4 月 20 日，当选江苏省科协第二届委员会名誉主席。（《新华日报》1981 年 4 月 21 日第 01 版）

● 4 月，参加江苏省扬州市城市规划讨论会，并做"对扬州市城市规划的意见"讲话。（东南大学建筑研究所.杨廷宝建筑言论选集 [M].北京：学术书刊出版社，1989：88.）

● 5 月，五一节前后，亲接亲送并陪同五天来南京看望的时任中国建筑学会副理事长汪季琦[44]。（汪季琦.回忆杨廷宝教授二三事 [M]// 刘先觉.杨廷宝先生诞辰一百周年纪

---

44 汪季琦（1909—1984），江苏苏州人。是中国建筑学会和《建筑学报》的主要创始人之一。曾任中国建筑学会秘书长、副理事长等职。

念文集.北京：中国建筑工业出版社，2001：40.）

● 6月1日，出席南京"雨花台红领巾广场"动工仪式。（《新华日报》1981年6月2日第01版）

● 6月2日，发表《我是怎样开始搞建筑的》一文。（《新华日报》1981年6月2日）

● 6月12日，受聘为国务院学位委员会（工学）学科评议组成员。（国务院学位委员会聘书.学位聘字第二五〇号）

● 7月17日，出席中国建筑学会第五届第八次常务理事会议，听取何广乾参加国际建协会议情况的汇报，听取"会徽"设计方案征集汇报。（中国建筑学会，《建筑学报》杂志社.中国建筑学会六十年[M].北京：中国建筑工业出版社，2013：59.）

● 7月，《杨廷宝素描选集》由中国建筑工业出版社出版发行。

● 9月，参加江苏省南通市城市规划审批会，并做"对江苏南通市规划的意见"讲话。（东南大学建筑研究所.杨廷宝建筑言论选集[M].北京：学术书刊出版社，1989：91.）

● 9月底—10月初，率中国建筑师代表团访问朝鲜（杨廷宝出访清单手迹）

● 10月9日，出席江苏省纪念辛亥革命七十周年大会。（《新华日报》1981年10月10日第02版）

● 10月10日，出席江苏省纪念辛亥革命七十周年大会组织省和南京市各界晋谒中山陵仪式，纪念中国民主革命的伟大先驱者孙中山先生。（《新华日报》1981年10月11日第01版）

● 秋，参加教育部在北京京西宾馆召开的全国各学科专家会议，讨论学位设置及博士点和导师人选问题，任土建大组召集人和建筑组组长。（朱敬业.往事追忆[M]//刘先觉.杨廷宝先生诞辰一百周年纪念文集[M].北京：中国建筑工业出版社，2001：64.）

● 10月14日，出席中国建筑学会第五届第十一次常务理事会议。（中国建筑学会，《建筑学报》杂志社.中国建筑学会六十年[M].北京：中国建筑工业出版社，2013：59.）

● 10月19日—22日，出席在北京召开的"阿卡·汗建筑奖第六次国际学术讨论会"，并在开幕式上致辞。（《建筑学报》1982年第1期第1页）

● 10月22日—30日，随出席"阿卡·汗建筑奖第六次国际学术讨论会"的全体代表赴西安、乌鲁木齐、吐鲁番、喀什等地参观。（《建筑学报》1982年第1期第5页）

● 11月1日—7日，出席在江西景德镇召开的历史学术委员会年会。（中国建筑学会，《建筑学报》杂志社.中国建筑学会六十年.北京：中国建筑工业出版社，2013：61.）

● 11月7日，考察兰州市政规划。（《建筑创作》杂志社.建筑中国六十年事件卷.天津：天津大学出版社，2009：114.）

• 11 月 12 日，参加江苏省和南京市各界人士在中山陵举行的纪念孙中山先生诞辰一百一十五周年谒陵仪式。（《新华日报》1981 年 11 月 13 日第 01 版）

• 11 月，南京工学院建筑系"建筑设计与理论""建筑历史与理论"两专业通过全国第一批博士点，任博士生导师。（单踊．东南大学建筑系 70 年纪事 [M]// 潘谷西．东南大学建筑系成立七十周年纪念专集．北京：中国建筑工业出版社，1997：238.）

• 11 月 30 日—12 月 13 日，出席第五届全国人民代表大会第四次会议。

• 12 月，出席中国大百科全书建筑学编委会筹备组扩大会议，并做"建筑学科的发展"讲话。（东南大学建筑研究所．杨廷宝建筑言论选集 [M].北京：学术书刊出版社，1989：61.）

1982 年（81 岁）

• 1 月 5 日，发表《处处留心皆学问》一文。（《新华日报》1982 年 1 月 5 日第 04 版）

• 1 月 6 日，第四次登上南京清凉山，视察公园规划建设。（邝兴邦摄影记录）

• 2 月初，参加徐州市总体规划技术鉴定会。（刘向东，吴友松．广厦魂 [M].南京：江苏科学技术出版社，1986：212.）

• 3 月 27 日—29 日，应无锡园林处邀请，赴无锡评议寄畅园、惠山、鼋头渚、锡山、三山岛、蠡园等园林建筑工程，并做"对无锡园林风景建设的意见"的讲话。（杨廷宝口述，齐康记述．杨廷宝谈建筑 [M].北京：中国建筑工业出版社，1991：78.）

• 4 月初，参加无锡太湖风景区规划讨论会。（刘向东，吴友松．广厦魂 [M].南京：江苏科学技术出版社，1986：218.）

• 4 月 27 日，会见日本爱知工业大学校长后藤淳先生来访。（《新华日报》1982 年 4 月 30 日第 03 版）

• 4 月底，偕夫人陈法青返故里南阳，帮助审查、研究南阳市城市规划和修复医圣祠总体设计方案。（南阳档案馆．杨廷宝返乡影集）

• 5 月初，为南阳医圣祠题词"总结古代医学知识 启发后世药理宏论"。（南阳医圣祠博物馆刘海燕馆长提供）

• 5 月 11 日，在河南省南阳市做"故乡南阳的今昔与展望"报告。（东南大学建筑研究所．杨廷宝建筑言论选集 [M].北京：学术书刊出版社，1989：93.）

• 5 月下旬，赴襄阳游隆中诸葛亮住地、母亲米氏先祖米公祠，并游历武当山景区。

徒步登上南崖宫并在山上作画，又题写"紫霄精神"。（刘向东，吴友松.广厦魂 [M].南京：江苏科学技术出版社，1986：211.）

●5月27日，离开武当山，下榻武汉宾馆。第二天，应湖北省第一书记陈丕显邀请，参加武当山风景区规划讨论会，并做"武当山的建设与古建筑保护"讲话。（东南大学建筑研究所.杨廷宝建筑言论选集 [M].北京：学术书刊出版社，1989：129.）（刘向东，吴友松.广厦魂 [M].南京：江苏科学技术出版社，1986：212.）

●6月1日，出席团省委在南京举行的雨花台红领巾广场竣工仪式大会，并揭幕。（《新华日报》1982年6月2日第01版）

●6月5日，出席在北京建筑展览馆展出香港建筑图片开幕仪式，并致词。（《建筑学报》1982年第7期第16页）

●7月26日—31日，应上海园林局邀请，视察由上海园林局与南京工学院共同设计的上海南翔古漪园修复工程，参观园林局设计的淀山湖大观园及同济大学设计的松江方塔园。（陈植.怀念杨廷宝学长.建筑学报 [J].1983，4：20.）

●7月28日，参观上海秋霞圃，并挥毫题字"静观自得"。（刘向东，吴友松.广厦魂 [M].南京：江苏科学技术出版社，1986：221.）

●8月15日，会见并宴请美国住房与城市发展部长皮尔斯来访。（《新华日报》1982年8月16日第04版）

●8月23日—25日，出席中国建筑学会第五届第十六次常务理事扩大会议，会议通过了6项议案。（中国建筑学会，《建筑学报》杂志社.中国建筑学会六十年 [M].北京：中国建筑工业出版社，2013：62.）

●9月13日，带病赴南京园林研究所，对南京的园林建筑进行讨论。（《新华日报》1983年7月21日第02版）

●9月16日，病情加重，昏迷后被送进江苏省工人医院（今人民医院）。（刘向东，吴友松.广厦魂 [M].南京：江苏科学技术出版社，1986：223.）

●9月，受国家文物局委托，为联合国教科文组织出版《中国建筑艺术与园林》与郭湖生 [45] 合著《中国古代建筑的艺术传统》一文，在《南京工学院学报》上发表。（《南京工学院学报》1982年第3期）

---

45 郭湖生（1931—2008），河南孟津人。1952年毕业于南京大学建筑工程系。历任青岛工学院、西安建筑工程学院讲师、南京工学院教授，从事中国建筑史及东方建筑史的教学与研究。

- 12 月 23 日 16 时 45 分，在南京逝世，享年 81 岁。（《新华日报》1982 年 12 月 25 日第 01 版）
- 12 月 29 日，在南京市石子岗殡仪馆礼堂举行追悼会。（《新华日报》1982 年 12 月 30 日第 01 版）

1983 年

- 8 月，《杨廷宝建筑设计作品集》由中国建筑工业出版社出版发行。（《新华日报》1983 年 9 月 6 日第 02 版）

1989 年

- 11 月，《杨廷宝建筑言论选集》由学术书刊出版社出版发行。

1994 年

- 10 月 6 日，父迁葬回南阳，并与生母米氏、继母李氏合葬于卧龙墓园。

2003 年

- 2 月 20 日，妻陈法青在南京逝世，享年 102 岁。

2009 年

- 9 月，获新中国成立以来，江苏省"十大杰出科技人物"荣誉称号。（《新华日报》2009 年 9 月 1 日第 B05 版）